中等职业学校机械类专业通用教材
技工院校机械类专业通用教材（中级技能层级）

工 程 力 学

（少学时）（第三版）

果连成　主编

中国劳动社会保障出版社

简介

本书主要内容包括：静力学基础知识、约束与物体的受力分析、平面力系、材料力学基础知识、拉伸和压缩、剪切和挤压、圆轴扭转、直梁弯曲等。

本书由果连成任主编，谷继军、姜波、翟旭华参加编写，邵明玲任主审。

图书在版编目（CIP）数据

工程力学：少学时 / 果连成主编 . --3 版 .

北京：中国劳动社会保障出版社，2024. --（中等职业
学校机械类专业通用教材）（技工院校机械类专业通用教
材：中级技能层级）. -- ISBN 978-7-5167-6604-0

I. TB12

中国国家版本馆 CIP 数据核字第 2024ZM5491 号

中国劳动社会保障出版社出版发行

（北京市惠新东街 1 号　邮政编码：100029）

*

保定市中画美凯印刷有限公司印刷装订　　新华书店经销

787 毫米 ×1092 毫米　16 开本　8.25 印张　194 千字
2024 年 12 月第 3 版　　2024 年 12 月第 1 次印刷
定价：**21.00** 元

营销中心电话：400-606-6496

出版社网址：https://www.class.com.cn

https://jg.class.com.cn

绪　论

工程力学是一门以工程技术为背景，直接为工程技术服务的应用基础学科。作为力学的一个分支学科，工程力学出现于 20 世纪 50 年代末，是一门理论性较强且与工程技术联系极为密切的基础学科。工程力学的定理、定律和结论广泛应用于工程机械、桥梁、建筑等领域（见图 0-1），是解决工程技术问题的重要理论基础。

a)

b)

c)

图 0-1　工程力学应用领域示例
a）工程机械　b）桥梁　c）建筑

一、课程性质和内容

工程力学是机械类专业的技术基础课，其内容涵盖理论力学和材料力学两部分。理论力学（包括静力学、运动学和动力学）研究物体机械运动（机械运动是自然界中最简单、最基本的运动形态，指一个物体相对于另一个物体的位置随着时间而变化的过程，或者一个物体的某些部分相对于其他部分的位置随着时间而变化的过程）的一般规律；材料力学研究物体变形及破坏的一般规律。

根据教学需要，本课程仅涉及工程力学最基础的部分：静力学和材料力学。下面通过一个例子来简要说明它们所研究和解决的问题。

图 0-2 所示为支撑管道的三角托架结构，它主要由水平杆 *AB* 和斜杆 *BC* 两个构件组成。当它们承受载荷或传递运动时，各个构件都要受到力的作用。为设计该结构，从工程力学角度来说涉及两方面内容。

第一，必须确定作用在各个构件上的力有哪些，以及它们的大小和方向。概括来说，就是对处于相对静止状态的物体进行受力分析。这正是静力学所要研究的问题。

第二，在确定了作用在构件上的力（外力）后，还必须为构件选择合适的材料（如钢、铸铁、有色金属等），确定合理的截面形状和尺寸，以保证构件既能安全可靠地工作又能符合经济要求。所谓"安全可靠地工作"，是指在力（载荷）的作用下，构件不会破坏（有足够的强度），也不会产生过度的弹性变形（有足够的刚度），对于细长的受压构件（如图 0-2 中的斜杆 *BC*），不会发生受压失稳而丧失其原有的直线平衡形式（有足够的稳定性）。此外，还应对连接处进行强度计算。以上就是材料力学所要研究的问题。

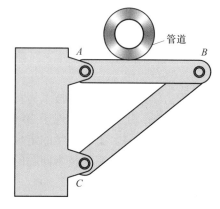

图 0-2　支撑管道的三角托架结构

二、课程的学习意义

机械类专业都要涉及机械运动和强度、刚度、稳定性问题。

机械类专业的其他课程，如机械基础、机械制造工艺基础、模具制造工艺、车工工艺学、钳工工艺学、焊工工艺学等都离不开工程力学这个基础。

工程力学采用典型的理论分析、实验手段及计算机仿真等研究方法，有助于培养分析问题和解决问题的能力。

作为一名机械类工程应用技能型人才，掌握一定的工程力学知识，有助于以力学的观点、原理和方法去观察和解决工程中的力学问题，正确使用、安装、维护各类机械，保证安全生产和产品质量，提高操作技能。

第1篇

静 力 学

静力学、运动学和动力学是理论力学的三个组成部分，本篇主要介绍静力学。

静力学主要研究刚体在力系作用下的平衡规律，包括确定研究对象、物体的受力分析、力系的简化、建立平衡条件求解未知量等内容。

为了研究和分析问题的方便，通常对实际物体和实际问题进行合理抽象与简化，从而构建力学模型。

一、静力学模型——刚体

我们把在力的作用下形状和大小都保持不变的物体称为**刚体**。实际上，任何物体在力的作用下都将产生不同程度的变形，但由于工程实际中构件的变形都很小，略去变形不会对静力学研究的结果有显著影响，因而在解决工程力学问题时，常常将实际物体抽象为刚体，从而使问题简化。简单地说，**刚体就是在讨论问题时可以忽略由于受力而引起的形状和体积改变的静力学理想模型**。刚体是静力学的主要研究对象。

图I–1 中受力的木板可以抽象为刚体吗？

小孩坐在两端支起的木板上，使木板发生了变形

图I–1 受力的木板

二、平衡

静力学中的平衡是指物体相对于地球保持静止或做匀速直线运动的状态，如图I–2 中做匀速直线运动的火车、图I–3 中处于静止状态的桥梁。必须注意，平衡是相对的、有条件的，是物体机械运动的一种特殊状态。一般情况下，我们所说的静止或平衡总是相对于地球而言的。例如，在地面上看来是静止的桥梁，实际上，它仍随着地球在宇宙空间运动。

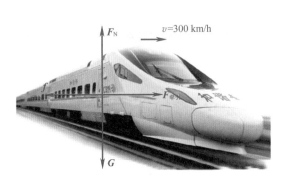

火车在重力、支持力、牵引力和摩擦力的
作用下做匀速直线运动

桥梁在重力和支持力的作用下
处于静止状态

图Ⅰ-2 做匀速直线运动的火车

图Ⅰ-3 处于静止状态的桥梁

在图Ⅰ-4中，当球体运动到最高点时，球速为0，它是否处于平衡状态？为什么？

竖直上抛的物体，运动到最高点时速度$v=0$，但由于受到重力的作用，它在下一个瞬间就会下落，并不会停留在最高点，所以它不处于平衡状态

图Ⅰ-4 抛球

物体的受力分析方法和力系平衡条件在工程中应用很广。在静载荷作用下的工程结构（如桥梁、房屋、起重机、水坝等）、常见的机械零件（如轴、齿轮、螺栓等），若满足某些特定条件，则它们将处于平衡状态，这种特定的条件称为**平衡条件**。

为了合理设计或选择这些工程结构和零件的形状、尺寸，保证构件安全可靠地工作，就要运用静力学知识，对构件进行受力分析，并根据平衡条件求出未知力，为构件的应力分析做好准备。如通过对轴上零件的受力分析来合理布置轴承，应用平衡条件求轴承反力，由此作为选用轴承的一个依据等。

三、受力的合理抽象与简化——集中力与分布力

在静力学范畴中，物体受力一般是通过与物体直接接触进行的，且接触处多数情况下不是一个点，而是具有一定尺寸的面积。力总是按照各种不同的方式分布于物体接触面的各点

上的。当接触面面积很小时，可以将微小面积抽象为一个点；当接触面面积较大而不能忽略时，则力分布在整个接触面上。根据物体承受力作用的接触面面积不同，可将受力合理抽象与简化为集中力与分布力。

例如，图Ⅰ-5a 所示停在桥面上的汽车，通过轮胎作用在桥面的力，其作用面积很小，称为**集中力**（见图Ⅰ-5b）。而图Ⅰ-5c 中桥面施加在桥梁上的力，沿着桥梁长度连续分布，则称为**分布力**。

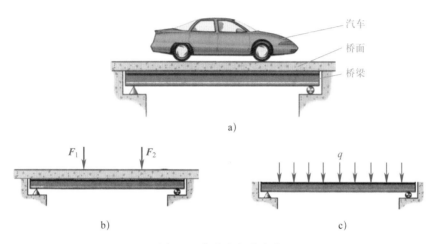

图Ⅰ-5 集中力与分布力

第1章

静力学基础知识

学习目标

1. 理解力的概念和力的效应。
2. 掌握力的三要素和力的效应之间的关系。
3. 深刻理解力在直角坐标轴上的投影，学会力的合成与分解。
4. 掌握力的基本性质。
5. 理解力对点的矩和力偶的概念及力偶的性质，学会运用合力投影定理、合力矩定理计算合力与合力矩。
6. 掌握力矩和力偶的基本计算，了解力矩平衡条件的应用。

§1-1 力的概述

一、力的概念

力在人们的生产劳动和日常生活中处处可见。如图 1-1 所示，提水、掰手腕等活动都会引起肌肉紧张收缩的感觉，从而让我们感受到力的存在。

力是物体间的相互作用。如图 1-2 所示，人向前推墙时，墙对人有相反方向的作用力，使人有向后运动的趋势。类似的情形还有，人站在地面上不动，由于自身的重力作用，地面对人体有竖直向上的反作用力，从而使人体静止平衡。

因此，力不能脱离物体凭空产生或存在。某一个物体受到力的作用，一定有另一个物体对它施加这种作用。

人在提水的过程中，若把水桶看成受力物体，则手就是施力物体；反之，若认为手是受力物体，那么水桶即为施力物体。施力物体和受力物体是相对于具体受力分析而言的。受力物体和施力物体的判别如图 1-3 所示。

图 1-1　提水和掰手腕

人骑自行车时，脚踏板受到脚的压力，这个力的施力物体是人的脚，受力物体是脚踏板；同时，脚踏板对人的脚有反作用力，这个力的施力物体是脚踏板，受力物体是人的脚

图 1-2　力的作用是相互的　　　　图 1-3　受力物体和施力物体的判别

二、力的效应

力的概念是在实践中建立的，可以通过力的作用效果感受它的存在。如图 1-4a 所示，足球受力后运动状态发生了改变，我们将力使物体的运动状态发生改变的效应称为外效应。如图 1-4b 所示，弹簧受压后发生压缩变形，我们将力使物体的形状发生变化的效应称为内效应。

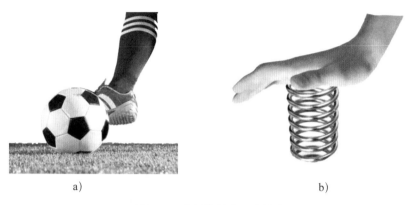

a)　　　　　　　　　　　　　　b)

图 1-4　力的外效应和内效应

在静力学中，把物体抽象为刚体，因此只研究力的外效应。在材料力学中，主要分析物体的外力和变形的关系，因此只研究力的内效应。

三、力的三要素及其表示方法

实践表明，力对物体的作用效果取决于力的三个要素：**力的大小、方向和作用点**。

只要改变其中一个要素，力的作用效果就会改变。因此，力是具有大小和方向的量，所以力是**矢量**。本书用粗黑体字母表示矢量（例如 F），用 F 表示力 F 的大小。

如图 1-5 所示，力的三要素可用带箭头的有向线段来表示。线段的长度（按一定比例画出）表示力的大小，箭头的指向表示力的方向，线段的起始点或终止点表示力的作用点。

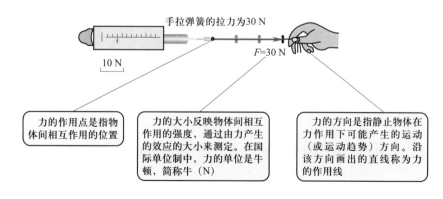

图 1-5　力的三要素

夹紧力作用点的选择

在机械加工中，工件在夹具中定位以后必须用力来夹紧，夹紧效果是由力的作用方向、作用点和力的大小三个要素来体现的。夹紧力三要素的选择是否正确，直接影响加工质量。

如在加工发动机连杆内孔时，若夹紧力 **F** 的作用点选取在连杆的中点（见图 1-6a），则会使连杆产生弯曲变形，影响加工精度。为了使工件不易变形，夹紧力 **F** 应作用在连杆两头的端面上（见图 1-6b）。

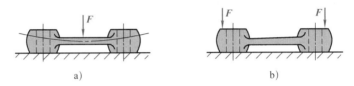

图 1-6　夹紧力作用点的选择

机床手轮简易测力法

在机修工作中，凡是大修后的机床（如车床、铣床、磨床等），操作人员对手轮的要求是轻便、灵活。但手轮的轻或重，因每个人的感觉不同而不同。为了得到较准确的数据，可以采用以下简易测力的方法。

如图 1-7 所示，用轻质铝合金材料加工一个与手轮直径一样大小的圆盘 2（质量大致等于手轮的质量），厚度约为 40 mm，内孔与手轮的内孔一样大，并加工出大小相同的键槽，取代原手轮装在摇轴 1 上。在圆盘的外圆上缠绕若干圈绳索，绳索 3 的一端固定在圆盘上，另一端系在弹簧秤 4 上。用力拉着弹簧秤，直到溜板箱开始移动，此时弹簧秤显示的读数即为使手轮转动的最小圆周力。

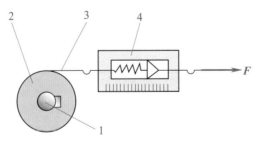

图 1-7　简易测力法
1—摇轴　2—圆盘　3—绳索　4—弹簧秤

§1-2 力的合成与分解

一、力的平行四边形法则

如图 1-8 所示，从力的作用效果看，一头大象的拉力与两支人力队伍的拉力相同，可以互相替代。

图 1-8 人力队伍与大象

如图 1-9a 所示，F_1、F_2 为作用于物体上同一点 A 的两个力，以这两个力为邻边作出平行四边形，则从 A 点作出的对角线就是 F_1 与 F_2 的合力 F_R。矢量式表示如下：

$$F_R = F_1 + F_2 \qquad\qquad (1-1)$$

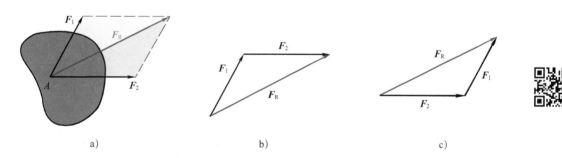

a)　　　　　　　　　　b)　　　　　　　　　　c)

图 1-9 力的平行四边形法则和三角形法则

该式读作合力 F_R 等于力 F_1 与力 F_2 的矢量和。这种求合力的方法，称为**力的平行四边形法则**。

矢量式 $F_R=F_1+F_2$ 与代数式 $F_R=F_1+F_2$ 完全不同，不能混淆。只有当二力共线时，其合力才等于二力的代数和。

显然，在求合力 F_R 时，不一定要作出整个平行四边形。因为对角线（合力）把平行四边形分成两个全等的三角形，所以只要作出其中一个三角形即可。

将力的矢量 F_1、F_2 首尾相接（两个力的前后次序任意），如图 1-9b、c 所示，再用线段将其封闭构成一个三角形，该三角形称为**力的三角形**，封闭边代表合力 F_R。这一力的合成方法称为**力的三角形法则**，它从力的平行四边形法则演变而来，应用更加简便。

利用这一法则，可以将两个以上共点力合成为一个力（见图 1-10a），或者将一个力分解为无数对大小、方向不同的分力（见图 1-10b）。

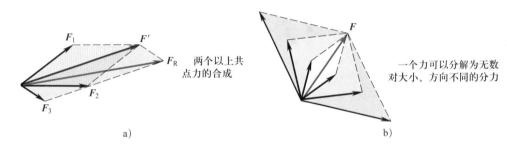

图 1-10　力的合成与分解

力的平行四边形法则的应用

1. 三力平衡汇交定理

若作用于物体同一平面上的三个互不平行的力使物体平衡，则它们的作用线必汇交于一点。三力平衡汇交定理是共面且不平行的三力平衡的必要条件，但不是充分条件，即同一平面的作用线汇交于一点的三个力不一定都是平衡的。

2. 三力构件

物体只受共面的三个力作用而平衡，此物体称为三力构件。

若三个力中已知两个力的交点及第三个力的作用点，就可以按三力平衡汇交定理来确定第三个力的作用线的方位。

需要注意的是，三力的作用点与其汇交点不一定是同一点，如图 1-11 所示，力 F_1、F_2、F_3 的作用点分别为 A、B、C 三点，其作用线的汇交点则为 O 点。

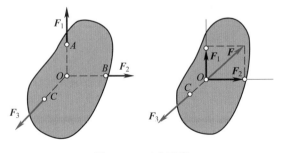

图 1-11　三力平衡

二、力的合成

由力的平行四边形法则可知，若用一个力代替几个力的共同作用，且效果完全相同，则这个力称为那几个力的**合力**。已知几个力，求它们的合力称为**力的合成**。力的合成要遵循力的平行四边形法则。

 **想一想** 　若已知 F_1 与 F_2 大小相等，都等于 100 N，求图 1-12 所示四组力的合力。

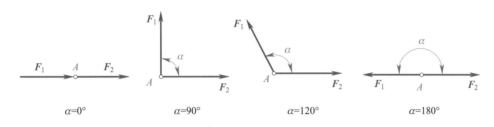

图 1-12　力的合成

三、力的分解

将一个已知力分解为两个分力的过程称为**力的分解**。力的分解是力的合成的逆运算。力的合成是已知平行四边形的两邻边，求对角线的过程；而力的分解则是已知平行四边形的对角线，求两邻边的过程。由一条对角线可以作出无数个平行四边形，这就有无数个解。因此，必须要有附加条件，才可求出其确定的解。

工程中最常用的是将已知力分解成两个互相垂直的分力，其分解方法如图 1-13 所示，这种分解法称为力的正交分解法。从已知力 F 的终点分别作两个互相垂直的分力的平行线，且交于两垂直分力的作用线，得到一个矩形，这个矩形的两个邻边即为力 F 的两个分力 F_1 和 F_2。

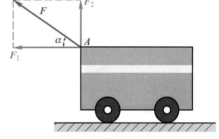

图 1-13　力的分解

若力 F 与分力 F_1 的夹角 α 为已知，则：

$$F_1 = F\cos\alpha , \quad F_2 = F\sin\alpha \tag{1-2}$$

力的合成与分解应用

有一个四个人都难推动的立柜，仅你一个人居然也能移动它，信不信？你可按下面的办法去试试：找两块木板，它们的总长度略大于立柜与墙壁之间的距离，搭成一个人字形，两个底角要小（见图 1-14 中的角 α 和角 β），这时你往两块木板上一站，立柜便被推动了。

图 1-14 推立柜

§1-3 力在坐标轴上的投影

一、力的投影

众所周知，空间物体在灯光的照射下，会在地面或墙壁上形成影子。**投影法**就是根据这一自然现象并经过科学的抽象所总结出的用投射在平面上的图形表示空间物体形状的方法（见图 1-15）。

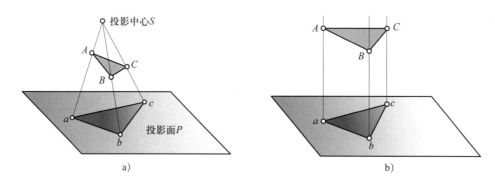

图 1-15　投影法示意图
a）中心投影法　b）正投影法

为了能用代数计算方法求合力，需引入力在坐标轴上的投影这个概念。力在直角坐标轴上的投影类似于物体的正投影，方法如下：

如图 1-16 所示，设力 F 作用在物体上的 A 点，在力 F 作用线所在平面内任选一直角坐标系 xOy，从力 F 的起点 A 和终点 B 分别向 x 轴上作垂线，得到垂足 a、b，线段 ab 称为力 F 在 x 轴上的投影，用 F_x 表示。同样，从 A 点和 B 点分别向 y 轴上作垂线，得到垂足 a'、

b'，线段 $a'b'$ 称为力 $\boldsymbol{F}$ 在 y 轴上的投影，用 F_y 表示。

其正负号规定如下：由起点 a 到终点 b（或由 a' 到 b'）的指向与坐标轴正向相同时为正，反之为负。

设力 $\boldsymbol{F}$ 与 x 轴所夹锐角为 α，其投影表达式如下：

$$
\begin{aligned}
F_x &= \pm F\cos\alpha \\
F_y &= \pm F\sin\alpha
\end{aligned}
\qquad (1\text{-}3)
$$

由此可以得到，图 1-16 中力 $\boldsymbol{F}$ 在 x 轴和 y 轴上的投影分别为：

$$F_x = F\cos\alpha$$

$$F_y = -F\sin\alpha$$

可见，力的投影是代数量。

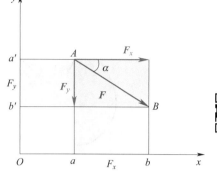

图 1-16　力在坐标轴上的投影

例 1-1　试求图 1-17 中所示 $\boldsymbol{F}_1$、$\boldsymbol{F}_2$、$\boldsymbol{F}_3$ 各力在 x 轴及 y 轴上的投影。

解：

$$F_{1x} = -F_1\cos 60° = -0.5F_1$$

$$F_{1y} = F_1\sin 60° \approx 0.866F_1$$

$$F_{2x} = -F_2\cos 30° \approx -0.866F_2$$

$$F_{2y} = -F_2\sin 30° = -0.5F_2$$

$$F_{3x} = 0$$

$$F_{3y} = -F_3$$

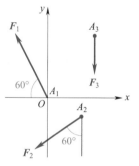

图 1-17　力系

通过上面的计算，可以得到：

1. 当力与坐标轴平行（或重合）时，力在该坐标轴上投影的绝对值等于力的大小。

2. 当力与坐标轴垂直时，力在该坐标轴上的投影等于零。

3. 在利用式（1-3）计算时，α 角必须选取力与 x 轴所夹的锐角，投影的正负根据力投影后两个垂足的指向来确定，从力起点垂足到终点垂足的指向与坐标轴正向相同时取正号，反之取负号。

当力在坐标轴上的投影 F_x 和 F_y 都是已知时，力 $\boldsymbol{F}$ 的大小及其与 x 轴所夹锐角 α 可按以下公式计算：

$$F = \sqrt{F_x^2 + F_y^2} \qquad (1\text{-}4)$$

$$\tan\alpha = \left|\frac{F_y}{F_x}\right| \qquad (1\text{-}5)$$

二、合力投影定理

如图 1-18 所示，设刚体受一平面汇交力系 $\boldsymbol{F}_1$、$\boldsymbol{F}_2$、$\boldsymbol{F}_3$ 作用，已知 $\boldsymbol{F}_R = \boldsymbol{F}_1 + \boldsymbol{F}_2 + \boldsymbol{F}_3$，取直角坐标系 xOy，将合力 $\boldsymbol{F}_R$ 及各分力向 x 轴作投影，得：

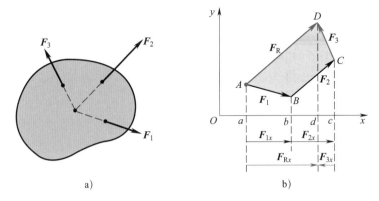

a) b)

图 1-18　合力投影定理示意图

$$F_{1x}=ab，F_{2x}=bc，F_{3x}=-dc$$

$$F_{Rx}=ab+bc-dc=ad$$

$$F_{Rx}=F_{1x}+F_{2x}+F_{3x}$$

同理可得　　　　　　　　　　$$F_{Ry}=F_{1y}+F_{2y}+F_{3y}$$

以上说明：合力在任意坐标轴上的投影，等于各分力在同一轴上投影的代数和，这就是**合力投影定理**。合力投影定理揭示了合力投影与各分力投影的关系，其表达式为：

$$\begin{cases} F_{Rx} = F_{1x} + F_{2x} + \cdots + F_{nx} = \sum_{i=1}^{n} F_{ix} \\ F_{Ry} = F_{1y} + F_{2y} + \cdots + F_{ny} = \sum_{i=1}^{n} F_{iy} \end{cases} \qquad （1-6）$$

若已知力在两坐标轴上的投影，应用式（1-2）、式（1-3）可求得合力的大小和方向：

$$F_R = \sqrt{F_{Rx}^2 + F_{Ry}^2} = \sqrt{\left(\sum_{i=1}^{n} F_{ix}\right)^2 + \left(\sum_{i=1}^{n} F_{iy}\right)^2} \qquad （1-7）$$

$$\tan \alpha = \left| \frac{F_{Ry}}{F_{Rx}} \right| = \left| \frac{\sum_{i=1}^{n} F_{iy}}{\sum_{i=1}^{n} F_{ix}} \right| \qquad （1-8）$$

§1-4　力的基本性质

静力学公理是人类从反复实践中总结出来的，是关于力的基本性质的概括和总结，它们构成了静力学的全部理论基础。

前面我们已经讲解了力的平行四边形法则，下面介绍静力学的几个公理。

一、作用与反作用公理（公理一）

由牛顿第三定律可以知道：物体 A 向物体 B 施加作用力时，物体 B 对物体 A 具有反作用力。这两个力在同一作用线上，力的大小相等、方向相反。

如图 1-19 所示，当人拎着物体时，人的手臂给物体一个向上的力 F，同时物体也给人的手臂一个向下的力 F'，F 与 F' 大小相等、方向相反，作用在同一条直线上。若人松开手，物体就会往下掉，F 与 F' 同时消失。

由此得到作用与反作用公理：两个物体间的作用力与反作用力总是同时存在、同时消失，且大小相等、方向相反，其作用线沿同一直线，分别作用在这两个物体上。

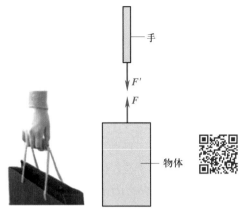

图 1-19　作用力与反作用力示意图

作用与反作用公理概括了自然界中物体间相互作用力的关系，表明作用力与反作用力永远是成对出现的。已知作用力就可以知道反作用力，两者总是同时存在又同时消失的。

作用与反作用公理的应用

如图 1-20 所示，人在划船离岸时，常把桨向岸上撑，这就是利用了作用与反作用公理。

图 1-20　公理一的应用

二、二力平衡公理（公理二）

如图 1-21 所示，书本放在桌子上，它受到重力 G 和支持力 F_N 的作用而处于平衡状态。很显然，$G=-F_N$（负号说明书所受重力 G 的方向与书所受支持力 F_N 的方向相反），即**两力等值、反向、共线**。

由此可以得到二力平衡公理：作用于同一刚体上的两个力，使刚体平衡的充要条件是，这两个力大小相等、方向相反，作用在同一条直线上。

需要指出的是，二力平衡公理只适用于刚体。二力等值、反向、共线是刚体平衡的充要条件。对于变形体，二力等值、反向、共线只是必要的，而非充分的，如绳索受等值、反向、共线的两个压力作用就不能保持平衡（见图 1-22）。

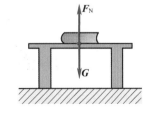

图 1-21　二力平衡公理示意图

图 1-22　受等值、反向、共线的两个压力作用的绳索不能保持平衡

二力平衡公理的应用

在工程中，通常把只受两个力作用而处于平衡状态的构件称为**二力构件**（简称二力杆）。这类构件只在两点受力且不计自重。

根据二力平衡公理可以断定二力构件的受力特点：**所受二力必沿其两作用点的连线，且等值、反向。**

图 1-23 中的杆 CD 若不计自重，就是一个二力杆。在图 1-23a 中有 $F_C = -F_D$；在图 1-23b、图 1-23c 中有 $F_1 = -F_2$，作用线必与两受力点的连线重合。

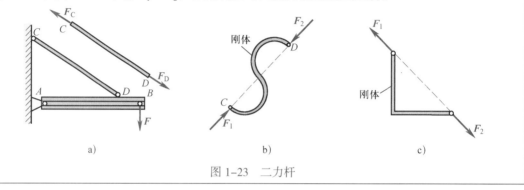

图 1-23　二力杆

公理一与公理二的区别

1. 公理一描述的是两物体间的相互作用关系，必须指出，作用力和反作用力等值、反向、共线，但分别作用在两个不同的物体上。公理一研究的是"两个物体"，用以确定物体之间力的相互传递关系。

如图 1-24a 所示，将受重力为 G 的球放在桌面上，球对桌面有一作用力 F_N，桌面对球即有一反作用力 F_N'，F_N 与 F_N' 总是等值、反向、共线，分别作用于桌面和球上（见图 1-24b），此二力为作用力与反作用力，不是二力平衡。以后我们约定，把其中的一个物体称为"施力物"，另一个物体则称为"受力物"。

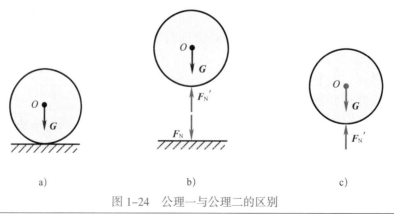

图 1-24　公理一与公理二的区别

对力 F_N 来说，球是施力物，桌面是受力物；但对力 F_N' 来说，桌面是施力物，球则为受力物。

2. 公理二描述的是作用在同一物体上二力的平衡条件。需要强调的是，公理二研究的是"同一物体"，可用来确定二力构件。

如图 1-24c 所示，单独以球为研究对象，可知球受到重力 G 和桌面对球的反作用力 F_N' 的作用，这两个力同时作用在球上，且等值、反向、共线，此二力是二力平衡力。

工程应用

车刀巧对中心

车刀巧对中心的方法如图 1-25 所示。把一块薄料置于圆棒料工件和车刀刀尖之间。向前摇动中滑板，使刀尖将薄料轻轻地顶在圆棒料上。观察薄料的倾斜方向，若薄料位于图 1-25b 所示左倾斜位置，说明刀尖在工件中心的下方；若薄料位于图 1-25c 所示右倾斜位置，说明刀尖在工件中心的上方；若薄料位于图 1-25a 所示铅垂位置，说明刀尖与圆棒料中心等高，即为刀具的正确位置。该方法运用了二力平衡公理。

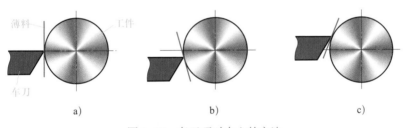

图 1-25 车刀巧对中心的方法

刀尖的圆弧半径一般都小于 0.1 mm，它与圆棒料为光滑圆弧面接触。若薄料的自重忽略不计，它受到的力是刀尖圆弧的主动力 F 和圆棒料工件的约束反力 F_N。薄料处于二力平衡状态，主动力 F 和约束反力 F_N 必然在同一直线上。图 1-26 所示为薄料在三种位置的受力图。显然，只有图 1-26a 所示位置刀尖与圆棒料中心等高，即刀具位于正确位置。

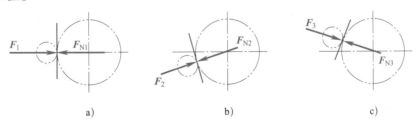

图 1-26 车刀巧对中心的受力分析

§1-5　力矩与力偶

一、力矩

观察图 1-27，你能指出决定门朝哪边转动的条件吗？

图 1-27　推门

1. 力对点的矩

力对刚体作用的外效应有移动与转动两种。其中，力的移动效应由力的大小和方向来度量，而力的转动效应则由力对点的矩来度量。

以用扳手旋转螺母为例，由经验可知，螺母能否旋动，不仅取决于作用在扳手上的力 F 的大小，而且与点 O 到 F 的作用线的垂直距离 L_h 有关。用 F 与 L_h 的乘积来度量力 F 使螺母绕点 O 转动效应的大小，其中点 O 称为**矩心**，距离 L_h 称为 F 对点 O 的**力臂**，如图 1-28 所示，其中图 1-28c 因为力 F 的作用线通过点 O，所以力臂为零。

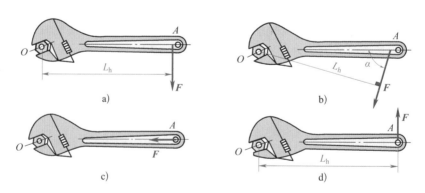

图 1-28　用扳手旋转螺母

力 F 对点 O 之矩定义为：力的大小 F 与力臂 L_h 的乘积，以符号 $M_O(F)$ 表示。

$$M_O(F) = \pm F \cdot L_h \tag{1-9}$$

— 18 —

转动有逆时针和顺时针两个转向，如图 1-28a、d 所示。通常规定：力使物体绕矩心沿逆时针方向转动时，力矩为正；反之为负。

力矩的单位取决于力和力臂的单位，在国际单位制中，力矩的单位名称为牛顿·米，符号为 N·m。

2. 合力矩定理

在计算力矩时，力臂一般可通过几何关系确定，但有时由于几何关系比较复杂，直接计算力臂比较困难。这时将力作适当的分解，可使各分力的力臂计算变得方便。合力矩定理说明了合力对某点之矩与其分力对同一点之矩之间的关系。

合力矩定理：平面汇交力系的合力对平面内任意点之矩，等于力系中各分力对同一点力矩的代数和，即：

$$M_O(F_R) = M_O(F_1) + M_O(F_2) + \cdots + M_O(F_n) = \sum_{i=1}^{n} M_O(F_i) \qquad (1-10)$$

式中，$F_R = F_1 + F_2 + \cdots + F_n = \sum_{i=1}^{n} F_i$。定理证明从略。

解题须知：

（1）首先确定矩心，再由矩心向力的作用线作垂线求出力臂。

（2）力矩正负号的判定：以矩心为中心，力使物体绕矩心沿逆时针方向转动时，力矩为正；反之为负。

（3）根据已知条件分析力矩计算方法时，可采用两种不同的方法进行：直接公式法（按力矩公式进行计算）或合力矩定理法（先对力进行分解，再按合力矩定理计算）。

例 1-2　如图 1-29a 所示，直齿圆柱齿轮受啮合力 F 的作用。设 F=1 400 N，压力角 α=20°，齿轮的节圆（啮合圆）半径 r=60 mm，试计算力 F 对轴中心 O 之矩。

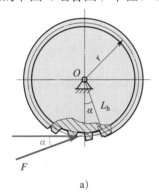
a)

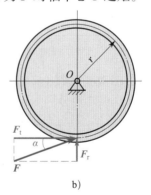
b)

图 1-29　直齿圆柱齿轮受力分析图

解法 1（按力矩定义求解）：

由图 1-29a 有：

$$M_O(F) = F \cdot L_h = Fr\cos\alpha = 1\,400\ \text{N} \times 60\ \text{mm} \times \cos 20° \approx 78.93\ \text{N} \cdot \text{m}$$

解法 2（用合力矩定理求解）：

将力 F 分解为圆周力（或切向力）F_t 和径向力 F_r，如图 1-29b 所示，则有：

$$M_O(F) = M_O(F_t) + M_O(F_r) = M_O(F_t) = F_t \cdot r = F\cos\alpha \cdot r \approx 78.93\ \text{N} \cdot \text{m}$$

— 19 —

3. 力矩平衡条件

在日常生活和生产中，常会遇到绕定点（轴）转动物体（这种物体通常称为杠杆）平衡的情况。如图 1-30 所示的杆秤、汽车制动踏板、钳子和手动剪断机等。

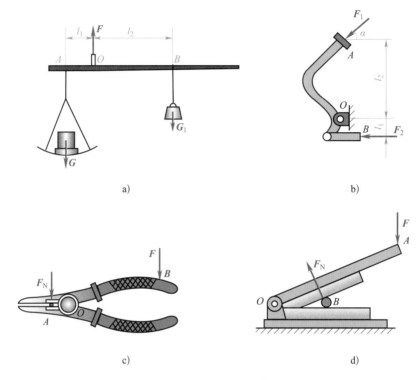

a)   b)

c)   d)

图 1-30   力矩平衡实例

杠杆平衡

以汽车制动踏板（见图 1-31）为例，在具有固定转动中心的物体上作用有两个力，各力对转动中心 O 点之矩分别为：

$$M_O(\boldsymbol{F}_A) = F_A \cdot a$$

$$M_O(\boldsymbol{F}_B) = -F_B \cdot b$$

由于物体平衡，沿顺时针方向转动效果与沿逆时针方向转动效果相同，所以有：

$$F_A \cdot a = F_B \cdot b$$

$$F_A \cdot a - F_B \cdot b = 0$$

$$M_O(\boldsymbol{F}_A) + M_O(\boldsymbol{F}_B) = 0$$

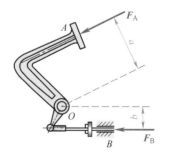

图 1-31   汽车制动踏板

杠杆的平衡规律反映了所有绕定点转动物体平衡时的共同规律。即绕定点转动物体平衡的条件：各力对转动中心 O 点之矩的代数和等于零，即合力矩为零。用公式表示为：

$$M_O(F_1) + M_O(F_2) + \cdots + M_O(F_n) = 0$$

或
$$\sum_{i=1}^{n} M_O(F_i) = 0 \tag{1-11}$$

利用力矩平衡条件可以分析和计算绕定点（轴）转动的简单机械平衡时的未知力的大小。

二、力偶

1. 力偶的概念

在日常生活和工程实际中，经常见到物体受到两个大小相等、方向相反、作用线相互平行的力作用的情况（见图1-32）。在力学中把这样一对等值、反向且不共线的平行力组成的特殊力系称为力偶，用符号（F，F'）表示。两个力作用线之间的垂直距离 d 称为力偶臂，用 L_d 表示。两个力作用线所决定的平面称为力偶的作用面。

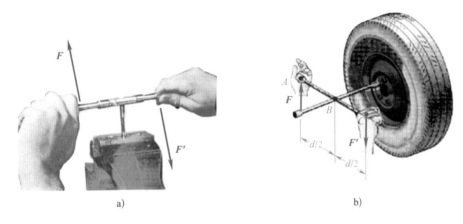

图1-32　力偶实例
a）攻螺纹　b）拆卸汽车轮胎紧固螺栓

实验表明，力偶对物体只能产生转动效应，且当力 F 越大或力偶臂 L_d 越大时，力偶使物体转动的效应就越显著。因此，我们用力偶中任一力的大小与力偶臂的乘积来度量力偶对物体的转动效应，称为力偶矩。用 M 或 $M(F, F')$ 表示：

$$M = \pm F \cdot L_d \tag{1-12}$$

力偶矩是代数量，式中的正负号说明力偶的转向。一般规定：力偶使物体沿逆时针方向转动时，力偶矩为正；反之为负。力偶矩的单位是 N·m，读作"牛米"。

2. 力偶的表示方法

在平面问题中，由于力偶对物体的作用完全取决于力偶矩的大小和转向，而不必顾及力偶中力的大小和力偶臂的长短，所以在力的计算中，有时用带箭头的弧线表示力偶，或用带双向箭头的折线表示力偶，如图1-33所示。

3. 力偶的基本性质

性质1：力偶无合力，力偶只能用力偶来平衡。

力偶是由两个力组成的特殊力系，在任意坐标轴上投影的代数和恒等于零，故力偶无

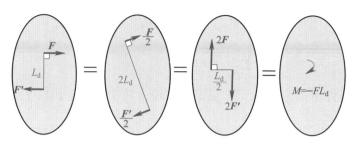

图 1-33　力偶表示方法

合力，不能与一个力等效，只能与力偶相平衡。力偶对刚体的移动不会产生任何影响，即力偶对刚体只有转动效应而没有移动效应。而力对刚体既可产生移动效应，也可产生转动效应。因此，力和力偶是组成力系的两个基本物理量，或者说，力和力偶是静力学的两个基本要素。

性质 2：力偶对其作用面内任意点之矩与该点（矩心）的位置无关，它恒等于力偶矩。

这个特性说明力偶使刚体绕其作用面内任意点的转动效应是相同的。

铣床铣削与工件夹紧方向对加工质量的影响

在铣床上加工工件时，工件由夹具体固定在铣床台面上，由于铣削与夹紧方向不同，因此会影响加工质量。在图 1-34a 所示情况下，铣削时工作台面向右运动，铣削与夹紧方向相同，铣刀能正常铣削工件，且工件一般不会松动；而在图 1-34b 所示情况下，铣刀铣削时，铣削与夹紧方向相反，工件就会松动，不能正常铣削。为什么会产生不同的铣削效果呢？下面分两种情况讨论如下：

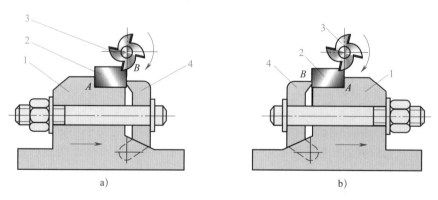

图 1-34　铣削与夹紧方向对加工质量的影响
1—夹具体　2—工件　3—铣刀　4—压板

首先，分析图 1-34a 所示情况。取工件 2 为研究对象，其受力分析如图 1-35a 所示。作用于工件上的力有圆周铣削力 $\boldsymbol{F}_t$、径向铣削力 $\boldsymbol{F}_r$、压板的夹紧力 $\boldsymbol{F}$，以及夹具体的约束反力 $\boldsymbol{F}_N$ 和 $\boldsymbol{F}_t'$。由力矩平衡条件可知：$\sum_{i=1}^{n} M_A\left(\boldsymbol{F}_i\right)=0$，$F_N h_3+F_t h_1-F_r l_2-F h_2=0$，$F_N h_3+F_t h_1=F_r l_2+F h_2$。

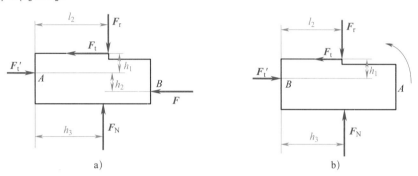

图 1-35　工件的受力分析

即压板夹紧力 $\boldsymbol{F}$ 和径向铣削力 $\boldsymbol{F}_r$ 所产生的压紧力矩与夹具体作用力 $\boldsymbol{F}_N$ 和圆周铣削力 $\boldsymbol{F}_t$ 产生的翻转力矩平衡。因此，工件不会松动，铣刀能正常铣削。

其次，分析图 1-34b 所示情况。在铣削过程中，压板会发生弹性退让，工件与夹具体接触点 A 处会产生间隙，由于铣削是断续切削，A 处有时接触，有时脱离，工件发生振动，表面质量变差。特别是当铣刀铣到 B 处时，工件在铣削力作用下很可能脱离夹具体。

取工件 2 为研究对象，其受力分析如图 1-35b 所示，得 $F_N h_3+F_t h_1>F_r l_2$。

即圆周切削力对工件产生的翻转力矩致使工件翻转。

本 章 小 结

1. 三个基本概念

（1）力是物体间的相互作用。力是矢量。力对物体作用的效果取决于力的大小、方向和作用点三个要素。

（2）刚体是在力的作用下形状和大小都保持不变的物体。

（3）平衡是指物体相对于地球保持静止或做匀速直线运动的状态。

2. 力的基本性质

（1）平行四边形法则阐明了作用在一个物体上的两个力的合成规则。

（2）作用和反作用公理阐明了力是两个物体间的相互作用，确定了力在物体之间的传递关系。

（3）二力平衡公理阐明了作用在一个物体上的最简单力系——共线力系的平衡条件。

3. 力在直角坐标轴上的投影

$$F_x=\pm F\cos\alpha，\quad F_y=\pm F\sin\alpha$$

式中，α 为力 F 与 x 轴所夹的锐角，力在轴上的投影为代数量。

当力与坐标轴平行（或重合）时，力在坐标轴上投影的绝对值等于力的大小；当力与坐标轴垂直时，力在坐标轴上投影的绝对值等于零。

4. 力矩计算

力矩等于力的大小 F 与力臂 L_h 的乘积。力矩是一个代数量，通常规定：力使物体绕矩心沿逆时针方向转动时，力矩为正；反之为负。力 F 对点 O 之矩以符号 $M_O(F)$ 表示。记为：

$$M_O(F) = \pm F \cdot L_h$$

5. 合力矩定理

平面汇交力系的合力对平面内任意点之矩，等于力系中各分力对同一点力矩的代数和，即：

$$M_O(F_R) = M_O(F_1) + M_O(F_2) + \cdots + M_O(F_n) = \sum_{i=1}^{n} M_O(F_i)$$

6. 力偶和力偶矩

一对等值、反向且不共线的平行力称为力偶。力偶对物体的转动效应由力偶矩（力的大小与力偶臂的乘积）来度量，用 M 或 $M(F, F')$ 表示。

$$M = \pm F \cdot L_d$$

7. 力偶对物体的转动效应

力偶对物体的转动效应取决于三个要素，即力偶矩的大小、力偶的转向、力偶作用面的方位。

8. 力偶的基本性质

（1）力偶既无合力，也不能和一个力平衡，力偶只能用力偶来平衡。

（2）力偶对其作用面内任意点之矩恒为常数，且等于力偶矩，与矩心的位置无关。

（3）力偶可在其作用面内任意转移，而不改变它对刚体的作用效果。

（4）只要保持力偶矩的大小和转向不变，可以同时改变力偶中力的大小和力偶臂的大小。

 思考与练习

应知练习

1. 如何正确理解力这个概念？如何用图来表示力？

2. 下列说法是否正确？为什么？

（1）刚体是指在外力作用下变形很小的物体。

（2）如果作用在刚体上的三个力共面且汇交于一点，则刚体一定平衡。

（3）如果作用在刚体上的三个力共面，但不汇交于一点，则刚体不能平衡。

3. 二力平衡公理和作用与反作用公理有什么不同？图 1-36a 所示的电灯，用电线系于天花板上，试判断图 1-36b 所示受力图中，哪两个力是二力平衡力，哪两个力是作用力与反作用力。

4. 试在图 1-37 所示曲杆的 A、B 两点上各加一个力，并使曲杆处于平衡状态（杆自重不计）。

5. 图1–38中，在 A 点作用一已知力 **F**，如果在 B 点上加一个力，能否使物体平衡？为什么？

6. 图1–39中，三个力 **F₁**、**F₂**、**F₃** 的大小都不等于零，其中 **F₁** 与 **F₂** 沿同一作用线，这三个力能否互相平衡？为什么？

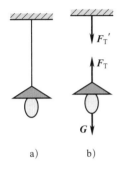

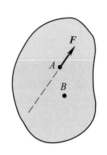

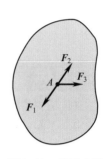

图1–36　练习3图　　　图1–37　练习4图　　　图1–38　练习5图　　　图1–39　练习6图

7. 若某力在 x 轴上的投影为负值，在 y 轴上的投影为零，试判断该力的指向。

8. 力偶的两个力大小相等、方向相反，这与作用力和反作用力有什么不同？与二力平衡力又有什么不同？

9. 力偶在（　　）坐标轴上的投影之和为零。

A. 任意　　　　　　B. 正交　　　　　　C. 与力垂直　　　　　　D. 与力平行

10. 如图1–40所示，起吊机鼓轮受力偶 **M** 和力 **F** 作用处于平衡，鼓轮的状态表明（　　）。

A. 力偶可以用一个力来平衡

B. 力偶可以用力对某点之矩来平衡

C. 力偶只能用力偶来平衡

D. 一定条件下，力偶可以用一个力来平衡

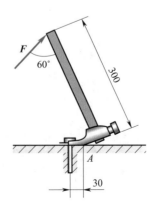

工程应用

图1–40　练习10图

11. 如图1–41所示，能否将作用于杆 AB 上的力偶移动到杆 BC 上？为什么？

12. 用手拔钉子拔不起来，为什么用钉锤（见图1–42）就能很容易地拔出来？

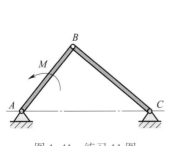

图1–41　练习11图　　　　　　　图1–42　练习12图

约束与物体的受力分析

§2-1　约束与约束反力

一、自由体与非自由体

力学中刚体分为两类，一类是自由体，另一类是非自由体。自由体在空间的运动事先不受其他物体的限制，如图 2-1 所示的气球。非自由体在空间的运动，或多或少地要受到某些限制，如图 2-2 所示的滚动轴承中的滚动体。

气球作为一个自由体运动，其运动形式无限多样，物体在空间的运动是不受限制的

图 2-1　自由体——空中的气球

滚动轴承中的滚动体在保持架和内、外圈圆槽内的运动受到限制，物体在空间的运动受到某些限制

外圈
内圈
滚动体
保持架

图 2-2　非自由体——滚动轴承中的滚动体

二、主动力与约束反力

对于非自由体来说，限制它运动的其他物体就称为该非自由体的约束。当物体沿着约束所能限制的方向有运动趋势时，约束为了阻止物体的运动，必然对物体有力的作用，这种力称为**约束反力**，简称约束力或反力。在静力学中，约束对物体的作用完全取决于约束反力。主动力与约束反力的区别见表 2-1。

表 2-1　　　　　　　　　　　　　主动力与约束反力的区别

项目	主动力	约束反力
定义	物体上受到的各种力，如重力、风力、切削力、顶板压力等，是促使物体运动或有运动趋势的力，属于主动力，工程上常称为载荷	约束反力是阻碍物体运动的力，随主动力的变化而改变，是一种被动力
特征	大小与方向预先确定，可以改变物体的运动状态	大小未知，取决于约束本身的性质，与主动力的值有关，可由平衡条件求出。约束反力的作用点在约束与被约束物体的接触处。约束反力的方向与约束所能限制的运动方向相反

§2-2　常见的约束及其约束反力

在工程实践中，物体间的连接方式有可能很复杂，为了分析和解决实际力学问题，必须对物体间各种复杂的连接方式进行抽象简化，并根据它们的结构特点和性质判断其约束反力。下面介绍工程中常见的典型约束类型。

一、柔性体约束（见表 2-2）

如图 2-3a 所示，用连接于铁环 A 的钢丝绳吊起减速器箱盖，箱盖所受重力 G 为主动力。根据柔性体约束反力的特点，可以确定钢丝绳给铁环 A 施加的力一定是拉力（F_{T1}、F_{T2} 和 F_T），钢丝绳给箱盖施加的力也是拉力（F_{T1}'、F_{T2}'）。

如图 2-3b 所示，传动带给两个带轮施加的力都是拉力，其方向为沿传动带与带轮轮缘相切的方向。

表 2-2 　　　　　　　　　　　　　　　　　　柔性体约束

定义	约束特点	约束反力
由柔软而不计自重的钢丝绳、传动带、链条（见图 2-4）等形成的约束称为**柔性体约束**	只能承受拉力，不能承受压力	约束反力通过连接点并沿柔性体的中心线背离被约束物体，通常用 F_T 或 F_S 表示

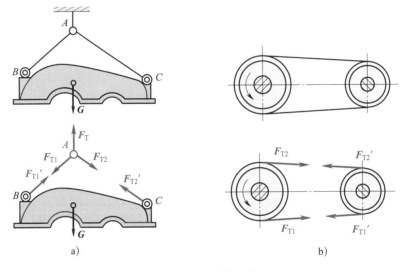

a) 　　　　　　　　　　　　　　　　　　　b)

图 2-3　柔性体约束

图 2-4　钢丝绳、传动带、链条的应用

二、光滑面约束（见表 2-3）

在图 2-5a 中，物体与约束在 A、B、C 三处均为点与直线（或直线与平面）接触，其约束反力 F_{NA}、F_{NB} 和 F_{NC} 沿接触处的公法线指向被约束物体，如图 2-5b 所示。

表 2-3　　　　　　　　　　　　　　　　　光滑面约束

定义	约束特点	约束反力
如图 2-5a 所示，物体与约束在 A、B、C 三处接触，其接触面上的摩擦力很小，可略去不计。类似这种由光滑接触面所构成的约束，称为**光滑面约束**。工程中的光滑面约束实例如图 2-6 所示	物体可以沿光滑的支撑面自由滑动，也可向离开支撑面的方向运动，但不能沿接触面法线并向支撑面方向运动	约束反力通过接触点，方向沿接触表面的公法线指向被约束物体。光滑面约束的反作用力永远为压力，通常用符号 F_N 表示

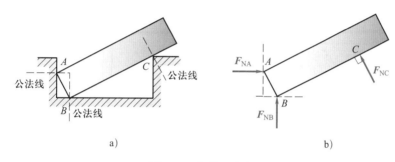

图 2-5　光滑面约束

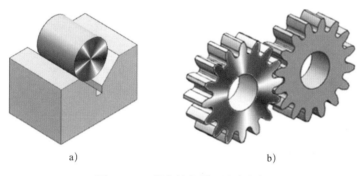

图 2-6　工程中的光滑面约束实例

a）定位于 V 形块上的圆柱体　b）齿轮传动中的齿面

三、光滑圆柱铰链约束

光滑圆柱铰链是力学中一个抽象化的模型。凡是两个自由体相互连接后，接触处的摩擦忽略不计，只能限制两个非自由体的相对移动，而不能限制它们的相对转动的约束，都可以称为光滑圆柱铰链约束。一般根据被连接物体的形状、位置及作用，可分为以下几种形式：

1. 中间铰链约束（见表 2-4）

表 2-4　　　　　　　　　　　　　　　　中间铰链约束

定义	约束特点	约束反力
如图 2-7a 所示，B、C 分别是两个带圆孔物体，将圆柱形销钉 A 穿入物体 B 和 C 的圆孔中，如果不计销钉与销钉孔壁之间的摩擦，则这种约束称为**中间铰链约束** 这种约束的力学模型如图 2-7b 所示	只限制两物体在垂直于销钉轴线的平面内沿任意方向的相对移动，而不能限制物体绕销钉轴线的相对转动和沿其轴线方向的相对移动	约束反力作用在与销钉轴线垂直的平面内，并通过销钉中心，但方向待定，如图 2-7c 所示的 F_A 工程中常用通过铰链中心的相互垂直的两个分力 F_{Ax}、F_{Ay} 表示，如图 2-7d 所示

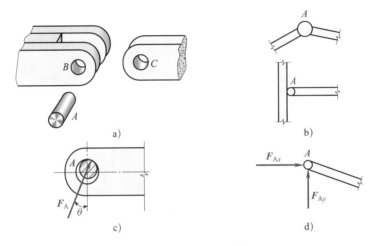

图 2-7　中间铰链约束

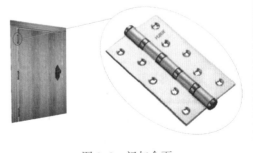

光滑圆柱铰链约束——合页

合页是由两片金属构成的铰链，大多装在门、窗、箱、柜上面。如图 2-8 所示为门与合页。选用合页的大小、薄厚应与门的质量成正比。此外，选用合页还需注意不要有噪声出现，无噪声合页的关键在于它的中轴。工艺不好、不光滑或金属硬度不够的合页会造成开关门时有刺耳的摩擦声。

图 2-8　门与合页

2. 固定铰链支座约束（见表2-5）

表2-5 固定铰链支座约束

定义	约束特点	约束反力
如图2-9a所示，将中间铰链约束（见图2-7a）中的物体 B（或物体 C）换成支座，且与基础固定在一起，则构成**固定铰链支座约束** 此约束的几种常见力学模型形式如图2-9c、d、e所示	能限制物体（构件）沿圆柱销半径方向的移动，但不能限制其转动	约束反力作用在与销钉轴线垂直的平面内，并通过销钉中心，但方向待定。在画图和计算时，常用相互垂直的两个分力 F_{Ax} 和 F_{Ay} 来代替，如图2-9b所示，但其大小及方向一般要根据构件的受力情况才能确定

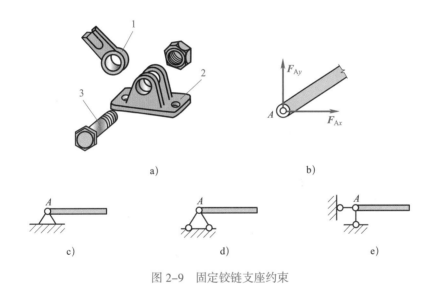

a) b)

c) d) e)

图2-9 固定铰链支座约束

1—被约束物体 2—固定部分 3—销钉

3. 活动铰链支座约束（见表2-6）

表2-6 活动铰链支座约束

定义	约束特点	约束反力
如图2-10a所示，将固定铰链支座底部安放若干个圆柱形滚子，并与支撑面接触，则构成**活动铰链支座约束**。这类约束常见于桥梁、屋架等结构中 此约束的力学模型如图2-10b所示	在不计摩擦的情况下，支座在滚子上可以做左右相对运动，允许其上下两部分位置稍有变化。能够限制被连接件沿着支撑面法线方向的上下运动	如图2-10c所示，约束反力作用线必通过铰链中心，并垂直于支撑面，其方向随受载荷情况不同指向或背离被约束物体

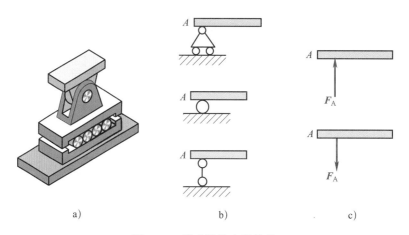

a)   b)   c)

图 2-10　活动铰链支座约束

四、固定端约束

固定端约束是指物体的一端嵌入另一物体内，或与另一物体以一定的接触面相固定的约束。例如，夹紧在刀架上的车刀、卡盘夹持的工件等，如图 2-11 所示，其约束反力将在第 3 章讨论。

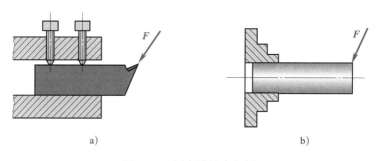

a)   b)

图 2-11　固定端约束实例

a）夹紧在刀架上的车刀　b）卡盘夹持的工件

§2-3　物体的受力分析与受力图

解决静力学问题时，首先要明确研究对象，再考虑它的受力情况，然后列出相应的平衡方程去计算。工程中的结构与机构十分复杂，为了清楚地表达出某个物体的受力情况，必须将它从与之相联系的周围物体中分离出来。分离的过程就是解除约束的过程，在解除约束的地方用相应的约束反力来代替约束的作用。被解除约束后的物体简称**分离体**。

将物体所受的全部主动力与约束反力以力的矢量形式表示在分离体上，这样得到的图形称为研究对象的**受力图**。

画受力图的步骤如下：

（1）确定研究对象，取分离体。

按照问题的条件和要求，确定所研究的对象（它可以是一个物体，也可以是几个物体的组合或整个物体系统），解除与研究对象相连接的约束，用简单几何图形表示出其形状特征。

（2）画主动力。

画出研究对象所受的全部主动力，如重力、风载、水压、油压、电磁力等。

（3）画约束反力。

在解除约束的地方，根据约束的不同类型，画出约束反力（用约束反力来代替约束的作用）。

（4）准确标注各力相应的符号和作用点的字母。

（5）检查是否有多画、漏画或画错的力。

解题须知：

（1）画受力图时，先画主动力，然后在解除约束处画约束反力。必须清楚每个力的施力物是何物。

本教材题目中没有说明或原图中未画出重力的就是不计自重，凡没有提及摩擦时，接触面视为光滑。

（2）要善于分析二力平衡物体的受力方向，并正确应用三力平衡汇交定理分析三力平衡刚体的受力特点。

（3）一对作用力和反作用力要用同一字母，在其中一个力的字母上加上"'"以示区别。作用力的方向确定了，反作用力的方向就不能随便假设，一定要符合作用与反作用公理。

例 **2-1**　如图 2-12a 所示，受重力 G 的梯子 AB 放置在光滑的水平地面上，并靠在铅直墙上，在 D 点用一根水平绳索与墙相连。试画出梯子的受力图。

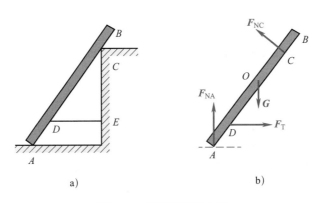

a)　　　　　　　　　　b)

图 2-12　梯子及其受力图

分析：

梯子所受重力为主动力，除此之外，梯子与外界有 A、C、D 三个接触点，且每一个接触点都存在约束反力。

解：

（1）将梯子从周围物体中分离出来，作为研究对象画出其分离体。

（2）画出主动力，即梯子所受重力 G，作用于梯子的重心（几何中心），方向铅直向下。

（3）画墙和地面对梯子的约束反力。根据光滑接触面约束的特点，A、C 处的约束反力 F_{NA}、F_{NC} 分别与地面、梯子垂直并指向梯子。

（4）D 点绳索的约束反力 F_T 应沿着绳索的方向并背离梯子。

梯子受力图如图 2-12b 所示。

本题要点：

（1）梯子是分离体。

（2）一般先画主动力，本题中梯子所受重力 G 是主动力。

（3）A、C 两处为光滑面约束，其约束反力可以直接画出方向。

（4）D 处为柔性体约束，其约束反力也可以直接画出方向。

例 2-2　如图 2-13a 所示，简支梁 AB 在中点 C 处受到集中力 F 的作用，A 端为固定铰链支座约束，B 端为活动铰链支座约束。试画出梁的受力图（梁自重忽略不计）。

分析：

梁 AB 为三力构件，F 为主动力，A、B 两点为铰链约束。

解：

（1）取梁 AB 为研究对象，解除 A、B 两处的约束，画出其分离体简图。

（2）在梁的中点 C 处画出主动力 F。

（3）在受约束的 A 处和 B 处，根据约束类型画出约束反力。B 处为活动铰链支座约束，其约束反力通过铰链中心且垂直于支撑面；A 处为固定铰链支座约束，其约束反力可用通过铰链中心且相互垂直的分力 F_{Ax}、F_{Ay} 表示。

梁的受力图如图 2-13b 所示。

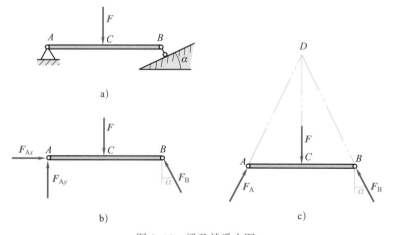

图 2-13　梁及其受力图

本题要点：

（1）梁是分离体。

（2）集中力 **F** 是主动力。

（3）A 处为固定铰链支座约束，B 处为活动铰链支座约束。

（4）B 处活动铰链支座的约束反力只能确定方位，其指向是假设的。

（5）A 处的约束反力一般用 F_{Ax}、F_{Ay} 两个相互垂直的分力表示（见图 2-13b），特殊情况下也可以确定其方位（见图 2-13c）。

注　意　梁只在 A、B、C 三点受到互不平行的三个力的作用而处于平衡，因此，也可以根据**三力平衡汇交定理**进行受力分析。已知 **F**、F_B 相交于 D 点，则 A 处的约束反力 F_A 也应通过 D 点，从而可确定 F_A 必在过 A、D 两点的连线上，可画出如图 2-13c 所示的受力图。

工程应用

巧夹球形工件

钳工在球形工件上加工孔时，直接用平口钳很难将工件夹紧。这是因为平面与球面接触，接触面积小（理论上为点接触），要想产生一定大小的约束反力 F_1、F_2 和摩擦力矩 M_2，与轴向力 **F** 和切削力矩 M_1 平衡，需要很大的夹紧力，易损坏球形工件。

如何解决这一问题呢？如图 2-14a 所示，若在平口钳上放置两个螺母，将球形工件夹在两个螺母中间，可使球形工件夹得很牢固。其原理：增大了螺母与钳口平面、螺母与球形工件之间的接触面积，限制了球形工件的上下移动和绕钻头轴线的转动。钻头钻孔时，作用于球形工件的轴向力 **F** 与螺母的约束反力 F_{1y} 与 F_{2y} 平衡，两螺母的约束反力 F_{1x} 与 F_{2x} 平衡，如图 2-14b 所示；圆周的切削力矩 M_1 与螺母的摩擦力矩 M_2 平衡，如图 2-14c 所示。因此，只需较小的夹紧力，便可使球形工件夹得很牢固。

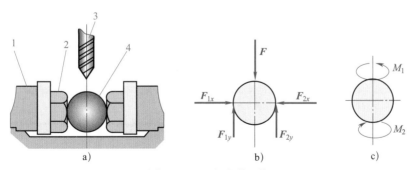

a)　　　　　　　　　b)　　　　　　　　　c)

图 2-14　巧夹球形工件

1—平口钳　2—螺母　3—钻头　4—球形工件

知识拓展

物体系统的受力分析

对于由多个物体组成的物体系统来说，还必须区分外力和内力。物体系统以外的周围物体对系统的作用力称为系统的外力，系统内部各个物体之间的作用力称为内力。系统的内力总是成对出现的，且等值、反向、共线，在系统内自成平衡力系，不影响系统整体的平衡。因此，当研究对象是物体系统时，只画作用于系统上的外力，不画系统的内力。要对其中的某个物体作受力分析时，需要将该物体从系统中分离出来，此时其他物体对该物体的作用力均为该物体的外力。

当分别画出系统中两个相互联系的物体的受力图时，作用力与反作用力的方向只能预先假定一个，另一个应按作用与反作用公理来确定。同一约束的约束反力，在几个不同的受力图中出现时，假设的指向要一致。

例 2-3　三角架由 AB、BC 两杆用铰链连接而成。销 B 处悬挂所受重力为 G 的物体，A、C 两处用铰链与墙固定连接（见图 2-15a）。不计杆的自重，试分别画出杆 AB、BC，销 B 及三角架 ABC 的受力图。

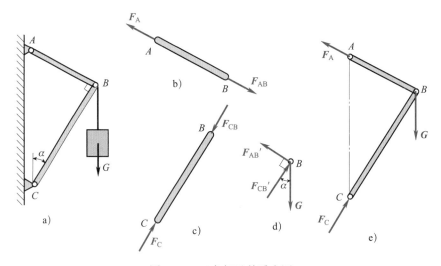

图 2-15　三角架及其受力图

分析：

研究对象有四个，AB、BC 为二力构件，销 B 与整个系统 ABC 为三力构件，相应地要分开画四个受力图。

解：

（1）分别取杆 AB、BC 为研究对象

由于不计杆的自重，两杆都是两端铰接的二力杆。

— 36 —

1）设杆 AB 受拉，铰链 A 和销 B 处的约束反力 F_A 和 F_{AB} 必然等值、反向、共线（沿 AB 中心连线），受力图如图 2-15b 所示。

2）设杆 BC 受压，铰链 C 和销 B 处的约束反力 F_C 和 F_{CB} 必然等值、反向、共线，受力图如图 2-15c 所示。

（2）取销 B 为研究对象

它受到三个力的作用：主动力 G、二力杆 AB 给它的约束反力 F_{AB}'、二力杆 BC 给它的约束反力 F_{CB}'。根据作用与反作用公理，$F_{AB}' = -F_{AB}$，$F_{CB}' = -F_{CB}$。销 B 的受力图如图 2-15d 所示。

（3）画系统的受力图

由于销 B 和 AB、BC 两杆间的作用力 F_{AB}、F_{AB}'、F_{CB}、F_{CB}' 属于内力，因此不必画出，只需画出铰链 A 和 C 处所受的约束反力 F_A、F_C 及主动力 G 即可，如图 2-15e 所示。

本 章 小 结

1. 基本概念

（1）自由体与非自由体。

（2）主动力与约束反力。

（3）分离体与受力图。

2. 常见的约束类型

（1）方向可以确定的约束类型：柔性体约束和光滑面约束。

（2）方位可以确定的约束类型：活动铰链支座约束。

（3）方向不能直接确定的约束类型：中间铰链约束和固定铰链支座约束。

（4）二力构件的约束：其约束反力沿二力构件两作用点连线方向。

（5）三力构件的约束：其约束反力满足三力平衡汇交定理。

3. 物体的受力分析和画受力图是解决力学问题的关键

（1）画受力图的步骤

先确定研究对象并画出分离体图，再分析研究对象的约束类型及约束反力的方向、作用点，然后在分离体上画出所有主动力和约束反力，并用正确的符号表示出来。

（2）画受力图时的注意事项

1）只画受力，不画施力。

2）只画外力，不画内力。

3）解除约束后，才能画上约束力。

思考与练习

工程应用

1. 试画出图 2-16 中杆 AB 的受力图（未画出重力的杆自重不计）。

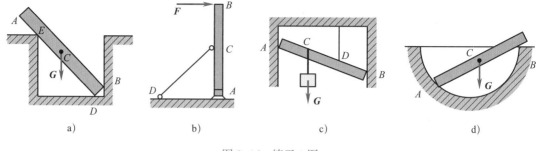

图 2-16　练习 1 图

2. 在图 2-17 中，钢架 ACB 一端为固定铰链支座，另一端为活动铰链支座。试画出图示两种情况下钢架的受力图（钢架自重不计）。

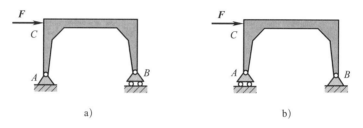

图 2-17　练习 2 图

*3. 在图 2-18 中，杆 AB 和 BC 用铰链连接成一个三角架，在 D 点有一作用力 F。如不计各杆自重，试分别画出图示两种情况下杆 AB（AD）、BC 及整个系统的受力图。

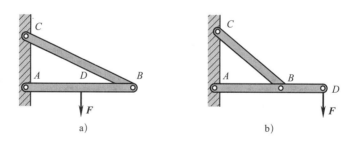

图 2-18　练习 3 图

注：带 * 的题目为选做题

平 面 力 系

在工程中，作用在物体上的力系往往有多种形式。如果力系中各力的作用线在同一平面内，则称为**平面力系**。平面力系又分为**共线力系、平面汇交力系、平面平行力系和平面一般力系**。如果力系中各力的作用线不在同一平面内，则称为**空间力系**。空间力系有时可简化为平面力系计算。本章主要研究平面力系的简化与合成，以及运用平衡方程求解物体平衡问题的方法。

平面力系的分类与力学模型见表 3-1。

表 3-1　　　　　　　　　　平面力系的分类与力学模型

分类	工程实例	力学模型	描述
共线力系			各力的作用线在同一条直线上
平面汇交力系			作用在物体上的各力的作用线都在同一平面内，且都汇交于一点

分类	工程实例	力学模型	描述
平面平行力系	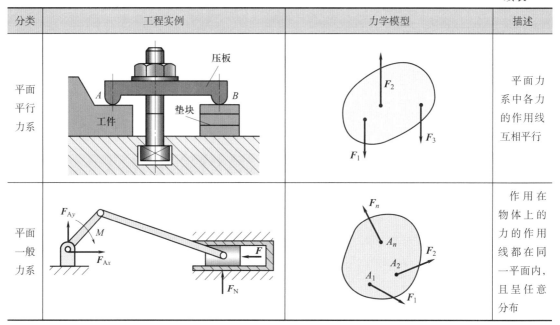		平面力系中各力的作用线互相平行
平面一般力系			作用在物体上的力的作用线都在同一平面内，且呈任意分布

§3-1 共线力系的合成与平衡

观察图 3-1，你能指出拔河双方各自的合力作用在何处吗？你能用二力平衡公理解释吗？

图 3-1 拔河

如图 3-2 所示，F_1、F_2、F_3、F_4 为作用在同一条直线上的共线力。如果规定某一方向（如 x 轴的正方向）为正，则它的合力大小为各力沿作用线方向的代数和。合力的指向取决于代数和的正负：正值代表作用方向与 x 轴同向，负值代表作用方向与 x 轴反向。用公式表示为

$$F_R=-F_1+F_2-F_3+F_4$$

或写成 $$\boldsymbol{F}_R=\sum_{i=1}^{n}\boldsymbol{F}_i \tag{3-1}$$

式（3-1）即为共线力系的合成公式。

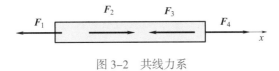

图 3-2 共线力系

由二力平衡公理可知：当合力 $\boldsymbol{F}_R=0$ 时，表明各分力的作用相互抵消，物体处于平衡状态。因此，物体在共线力系作用下平衡的充要条件为：**各力沿作用线方向的代数和等于零**，即

$$\boldsymbol{F}_R=\boldsymbol{F}_1+\boldsymbol{F}_2+\cdots+\boldsymbol{F}_n=\sum_{i=1}^{n}\boldsymbol{F}_i=0 \tag{3-2}$$

§3-2 平面汇交力系

平面汇交力系是各种力系中较为简单的一种，在工程实际中经常遇到。例如，图 3-3 所示型钢上的受力及图 3-4 所示吊环上的受力等，都是平面汇交力系的实例。

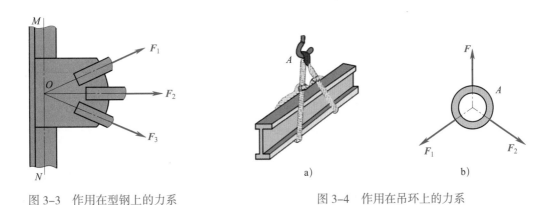

图 3-3 作用在型钢上的力系   图 3-4 作用在吊环上的力系

一、平面汇交力系的合成

在第 1 章学习力的平行四边形法则时已经知道，若用一个力代替几个力的共同作用，且效果完全相同，则这个力称为那几个力的**合力**。已知几个力，求它们的合力称为**力的合成**。

力的合成要遵循力的平行四边形法则。

二、平面汇交力系的平衡条件与平衡方程

由上述分析可知，平面汇交力系可合成为一个合力 F_R，这一平面汇交力系对物体的作用等效于此合力。在一般情况下（$F_R \neq 0$），物体的运动状态要发生改变；如果在特殊情况下（$F_R = 0$），则物体的运动状态与不受力无异，实际上就是原力系中的各个力的作用互相抵消，因此，物体的运动状态不变，即处于平衡状态。

由此可得平面汇交力系平衡的充要条件：该力系的合力 F_R 的大小等于零。即：

$$F_R = 0$$

平面汇交力系平衡时，合力为零，那么合力在任何轴上的投影当然也等于零。

故由 $F_R = \sqrt{F_{Rx}^2 + F_{Ry}^2} = \sqrt{\left(\sum_{i=1}^{n} F_{ix}\right)^2 + \left(\sum_{i=1}^{n} F_{iy}\right)^2} = 0$ 可推导出：

$$\begin{cases} \sum_{i=1}^{n} F_{ix} = 0 \\ \sum_{i=1}^{n} F_{iy} = 0 \end{cases} \quad\quad （3\text{-}3）$$

式（3-3）称为平面汇交力系的平衡方程，也就是平面汇交力系平衡的解析条件。即：**力系的各力在两个坐标轴上投影的代数和分别等于零**。

三、平面汇交力系平衡条件的应用

解题须知：

求解平面汇交力系平衡问题的主要步骤及注意点：

（1）根据问题的要求，选取合适的研究对象，画受力图。

所选的研究对象上应作用有已知力和待求的未知力。

（2）选择适当的坐标轴，并作各个力的投影。

坐标轴尽量与未知力垂直或与多数力平行，使坐标原点与汇交点重合。

（3）列平衡方程并解出未知量。

要注意各力投影的正负号：计算结果中出现负号时，表明该力的实际方向与受力图中假设方向相反。遇到这种情况，受力图不必改正，但在答案中必须说明。

例 3-1 图 3-5a 所示曲柄冲压机，冲压工件时冲头 B 受到工件阻力 F=30 kN，试求当 $\alpha=30°$ 时连杆 AB 所受的力及导轨的约束反力。

解：

（1）确定研究对象

取冲头 B 为研究对象，其受力图如图 3-5b 所示。

（2）建立直角坐标系

作用于冲头的力有工件阻力 F、导轨约束力 F_N 和连杆作用力 F_{AB}。因连杆 AB 为二力杆，故 F_{AB} 沿连杆轴线。连杆受压力（见图 3-5c），为压杆。建立坐标系，如图 3-5b 所示。

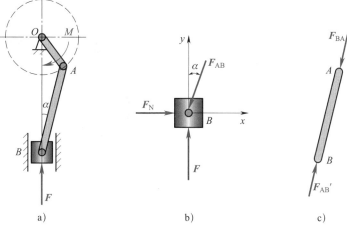

图 3-5　曲柄冲压机的受力分析

（3）作投影

$$F_{ABx}=-F_{AB}\cos 60°，\quad F_{ABy}=-F_{AB}\sin 60°$$

$$F_x=0，\quad F_y=F$$

$$F_{Nx}=F_N，\quad F_{Ny}=0$$

（4）列出平衡方程求解

由 $\sum\limits_{i=1}^{n} F_{ix}=0$，得 $F_N+F_{ABx}=0$，$F_N-F_{AB}\cos 60°=0$

由 $\sum\limits_{i=1}^{n} F_{iy}=0$，得 $F+F_{ABy}=0$，$F-F_{AB}\sin 60°=0$

解得
$$F_{AB}=\frac{F}{\sin 60°}=\frac{30}{\sin 60°}\ \text{kN}\approx\frac{30}{0.866}\ \text{kN}\approx 34.64\ \text{kN}$$

$$F_N=F_{AB}\cos 60°\approx 34.64\ \text{kN}\times\frac{1}{2}=17.32\ \text{kN}（力的方向与图示方向相同）$$

由作用与反作用公理可知，连杆 AB 所受到的力约为 34.64 kN，导轨的约束反力约为 17.32 kN。

§3-3　平面一般力系

工程中经常遇到作用于物体上的力的作用线都在同一平面内（或近似地在同一平面内），且呈任意分布的力系，如图 3-6a 所示，这样的力系称为平面一般力系。当物体所受的力均对称于某一平面时，也可以视作平面一般力系问题，如图 3-6b 所示。

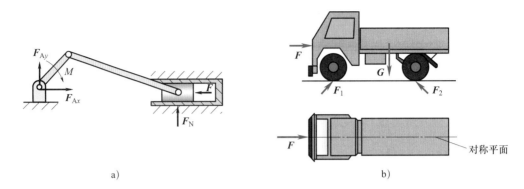

a)

b)

图 3-6　平面一般力系

一、力的平移定理

观察图 3-7 中书本的受力情况，在图 3-7a 中，当力 F 通过书本的重心 C 时，书本沿力的作用线只发生移动。在图 3-7b 中，将力 F 平行移动到任意点 D，书本将产生怎样的运动呢？在什么条件下，书本仍可以沿力的作用线只发生移动？

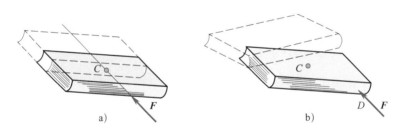

a)   b)

图 3-7　书本的受力

力的平移定理回答了这一问题。

由前面的知识已经知道，力对刚体的作用效果取决于力的大小、方向和作用点。力沿作用线移动时，力对刚体的作用效果不变。但是，如果保持力的大小、方向不变，将力的作用线平行移动到另一个位置，则力对刚体的作用效果将发生改变。

如图 3-8a 所示，设 F 是作用在刚体上点 A 的一个力，点 O 是刚体上力作用面内的任意点，在点 O 加上两个等值、反向的力 F' 和 F''，并使这两个力与力 F 平行且 $F=F'=-F''$，如图 3-8b 所示。显然，由力 F、F' 和 F'' 组成的新力系与原来的一个力 F 等效。

这三个力可以看作一个作用于点 O 的力 F' 和一个力偶（F，F''）。这样，原来作用在点 A 的 F，现在被力 F' 和力偶（F，F''）等效替换。由此可见，把作用在点 A 的力 F 平移到点 O 时，若使其与作用在点 A 时等效，必须同时加上一个相应的力偶 M，这个力偶称为附加力偶，如图 3-8c 所示，此附加力偶矩的大小为：

$$M=M_O（F）=-F·L_d \tag{3-4}$$

式（3-4）说明，附加力偶矩的大小及转向与力 F 对点 O 之矩相同。

— 44 —

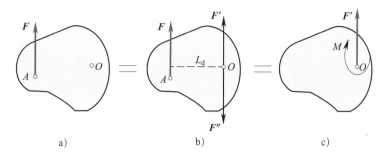

图 3-8　力的等效

由此得到力的平移定理：作用在刚体上的力可以从原作用点等效地平行移动到刚体内任意指定点，但必须在该力与指定点所决定的平面内附加一力偶，其力偶矩等于原力对指定点之矩。

力的平移定理揭示了力对刚体产生移动和转动两种运动效应的实质。以乒乓球运动中的"削球"为例（见图 3-9），当球拍击球的作用力没有通过球心时，按照力的平移定理，将力 F 平移至球心，力 F' 使球产生移动，附加力偶矩 M 使球产生绕球心的转动，于是形成球的旋转。

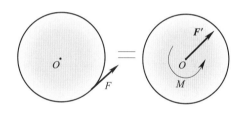

图 3-9　乒乓球运动中的"削球"

工程应用

固定端约束

固定端约束（见图 3-10a）的特点：在主动力 F 的作用下，构件既不能移动，也不能转动。

固定端约束提供的约束反力：固定端各接触点受到的约束反力组成平面一般力系。将该力系向点 A 简化（见图 3-10b），可得到限制构件左右、上下移动的约束反力 F_{Ax}、F_{Ay} 及一个限制构件绕点 A 转动的约束反力偶矩 M_A。

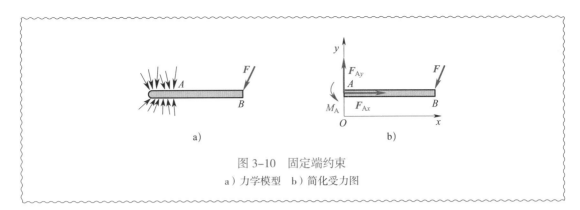

图 3-10　固定端约束

a）力学模型　b）简化受力图

二、平面一般力系的平衡和应用

物体在平面一般力系作用下，既不发生移动，也不发生转动的静力平衡条件：力系中的各力在两个不同方向的 x、y 轴上投影的代数和均为零，且力系中的各力对平面内任意点之矩的代数和也等于零。

平面一般力系平衡必须同时满足三个平衡方程，这三个方程彼此独立，可求解三个未知量，见表 3-2。

表 3-2　　　　　　　　　　　　　　　　　平面一般力系的平衡方程

形式	基本形式	二力矩式	三力矩式
方程	$\begin{cases} \sum\limits_{i=1}^{n} F_{ix} = 0 \\ \sum\limits_{i=1}^{n} F_{iy} = 0 \\ \sum\limits_{i=1}^{n} M_O(\boldsymbol{F}_i) = 0 \end{cases}$	$\begin{cases} \sum\limits_{i=1}^{n} F_{ix} = 0 \\ \sum\limits_{i=1}^{n} M_A(\boldsymbol{F}_i) = 0 \\ \sum\limits_{i=1}^{n} M_B(\boldsymbol{F}_i) = 0 \end{cases}$	$\begin{cases} \sum\limits_{i=1}^{n} M_A(\boldsymbol{F}_i) = 0 \\ \sum\limits_{i=1}^{n} M_B(\boldsymbol{F}_i) = 0 \\ \sum\limits_{i=1}^{n} M_C(\boldsymbol{F}_i) = 0 \end{cases}$
说明	两个投影式方程，一个力矩式方程	一个投影式方程，两个力矩式方程 使用条件：AB 连线与 x 轴不垂直	三个力矩式方程 使用条件：A、B、C 三点不共线

须指出的是，平面一般力系的平衡方程虽然有三种形式，但是只有三个独立的平衡方程，因此，只能解决构件在平面一般力系作用下具有三个未知量的平衡问题。在解决平衡问题时，可根据具体情况，选取其中较为简便的一种形式。

解题须知：

求解平面一般力系平衡问题的主要步骤及注意点：

（1）确定研究对象，画出受力图。

（2）选取坐标系和矩心，列平衡方程。

一般来说，矩心应选在两个未知力的交点上，坐标轴应尽量与较多未知力的作用线垂直。三个平衡方程的列出次序可以任意，最好能使一个方程只包含一个未知量，这样可以避免求解联立方程组，便于计算。

46

（3）求解未知量，讨论结果。

可以选择一个不独立的平衡方程对计算结果进行验算。

例 **3-2**　悬臂梁如图 3-11a 所示，梁的自由端 B 处受集中力 F 作用，已知梁的长度 l=2 m，F=100 N。试求固定端 A 处的约束反力。

解：

（1）取梁 AB 为研究对象，画受力图

梁受到 B 端已知力 F、固定端 A 的约束反力 F_{Ax} 和 F_{Ay}、约束力偶 M_A 作用，为平面一般力系情况，如图 3-11b 所示。

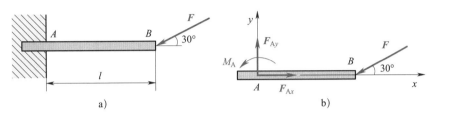

图 3-11　悬臂梁及其受力图

（2）建立直角坐标系 xAy，列平衡方程

由 $\sum\limits_{i=1}^{n} F_{ix}$=0 得：　　　　　　　　　$F_{Ax}-F\cos 30° =0$　　　　　　　　　（3-5）

由 $\sum\limits_{i=1}^{n} F_{iy}$=0 得：　　　　　　　　　$F_{Ay}-F\sin 30° =0$　　　　　　　　　（3-6）

由 $\sum\limits_{i=1}^{n} M_A(\boldsymbol{F}_i)$=0 得：　　　　　　$M_A-Fl\sin 30° =0$　　　　　　　　　（3-7）

（3）求解未知量

将已知条件分别代入方程求解：

由式（3-5）得：$F_{Ax}=F\cos 30° =100\ \text{N} \times \cos 30° \approx 86.6\ \text{N}$

由式（3-6）得：$F_{Ay}=F\sin 30° =100\ \text{N} \times \sin 30° =50\ \text{N}$

由式（3-7）得：$M_A=Fl\sin 30° =100\ \text{N} \times 2\ \text{m} \times \sin 30° =100\ \text{N·m}$

计算结果为正，说明各未知力的实际方向均与假设方向相同。

§3-4　平面平行力系

运用力的平移定理可以把平面平行力系简化为一个共线力系和一个附加力偶系。因此，平面平行力系的平衡条件为：各力在坐标轴上投影的代数和为零，且力系中的各力对平面内

任意点的力矩的代数和也等于零。

平面平行力系是平面一般力系的特例。若取 y 轴平行于各力作用线，则各力在 x 轴上的投影恒等于零，即 $\sum\limits_{i=1}^{n} F_{ix} \equiv 0$。

平面平行力系的平衡方程见表 3-3。

表 3-3　　　　　　　　　　　　平面平行力系的平衡方程

形式	基本形式	二力矩式
方程	$\begin{cases} \sum\limits_{i=1}^{n} F_{iy}=0 \\ \sum\limits_{i=1}^{n} M_O(\boldsymbol{F}_i)=0 \end{cases}$	$\begin{cases} \sum\limits_{i=1}^{n} M_A(\boldsymbol{F}_i)=0 \\ \sum\limits_{i=1}^{n} M_B(\boldsymbol{F}_i)=0 \end{cases}$ 使用条件：A、B 连线不能与各力的作用线平行

由上述分析可知，平面平行力系只有两个独立方程，因此，只能解决物体在平面平行力系作用下具有两个未知量的平衡问题。

例 3-3　图 3-12a 所示铣床夹具上的压板 AB，当拧紧螺母后，螺母对压板的压力 $F=4\,000\,\text{N}$，已知 $l_1=50\,\text{mm}$，$l_2=75\,\text{mm}$，试求压板对工件的压紧力及垫块所受压力。

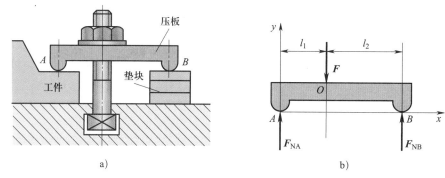

a)　　　　　　　　　　　　　　　　b)

图 3-12　铣床夹具上的压板

分析：

取压板 AB 为研究对象，其重力可以忽略不计，压板虽有三个接触点，但其受力构成平面平行力系，并不属于三力构件。

解：

（1）取压板 AB 为研究对象

画受力图，如图 3-12b 所示。

（2）建立直角坐标系 xAy，列平衡方程

由平面平行力系平衡方程的一般式得：

$$\sum_{i=1}^{n} F_{iy}=0,\quad F_{NA}+F_{NB}-F=0 \tag{3-8}$$

$$\sum_{i=1}^{n} M_A(\boldsymbol{F}_i)=0,\quad F_{NB}(l_1+l_2)-Fl_1=0 \tag{3-9}$$

（3）解方程

由式（3-9）得：
$$F_{NB}=\frac{Fl_1}{l_1+l_2}=\frac{4\,000\times50}{50+75}\text{N}=1\,600\text{ N}$$

将 F_{NB} 代入式（3-8）得：$F_{NA}=F-F_{NB}=4\,000\text{ N}-1\,600\text{ N}=2\,400\text{ N}$

根据作用与反作用公理可知，压板对工件的压紧力为 2 400 N，垫块所受压力为 1 600 N。

 知识拓展

摩擦及自锁现象

1. 摩擦

摩擦是一种普遍存在的现象。对于接触面比较光滑（或有良好的润滑条件，摩擦力很小），且摩擦因素对所研究的问题不起重要作用时，为了计算方便不考虑摩擦是允许的。但是，在工程上有些摩擦问题是不能忽略的。例如，在研究摩擦传动、夹具对工件的夹紧、机械制动等问题时，就必须考虑摩擦。

按照接触物体之间可能会相对滑动或相对滚动，摩擦可分为滑动摩擦和滚动摩擦。当两个接触物体之间有相对滑动趋势时，物体接触表面间产生的摩擦力称为**静滑动摩擦力**，简称**静摩擦力**，用 F_f 表示。当两个接触物体之间相对滑动时，物体接触表面间产生的摩擦力称为**动滑动摩擦力**，简称**动摩擦力**，用 F'_f 表示。

因为摩擦对物体的运动起阻碍作用，所以摩擦力总是作用于接触面（点），沿接触处的公切面（线），与物体相对滑动或相对滑动趋势方向相反。摩擦力的计算方法一般根据物体的运动情况而变化。通过实验可以得到如下结论：

（1）临界静止状态下的静摩擦力为静摩擦力的最大值，其大小与接触面间的正压力 F_N（法向约束力）大小成正比，即：
$$F_{fm}=f_s F_N$$

式中　F_{fm}——**最大静摩擦力**，N；

　　　f_s——**静滑动摩擦因数**，简称**静摩擦因数**，其大小取决于相互接触物体表面的材料性质和表面状况（如表面粗糙度、润滑情况以及温度和湿度等）。

（2）一般静止状态下的静摩擦力 F_f 随主动力的变化而变化，其大小由平衡方程确定，介于零和最大静摩擦力之间，即：
$$0\leqslant F_f<F_{fm}$$

（3）当物体处于相对滑动状态时，在接触表面上产生的滑动摩擦力 F'_f 的大小与接触面间的正压力 F_N 大小成正比，即：
$$F'_f=fF_N$$

式中　f——**动滑动摩擦因数**，简称**动摩擦因数**，与物体接触表面的材料性质和表面状况有

关。一般地说，$f_s > f$，这说明推动物体从静止开始滑动比较费力，一旦物体滑动起来后，要维持物体继续滑动就省力了。精度要求不高时，可视为 $f_s \approx f$。部分常用材料的 f_s 及 f 值可查阅相关机械手册。

2. 摩擦角

将一受重力为 G 的物块放在粗糙的水平面上，再对其施加一水平推力 F_p，此两主动力的合力为 F，即 $F = G + F_p$，如图 3-13 所示。当物块保持静止时，水平支撑面对物块作用的法向约束力为 F_N，静摩擦力为 F_f，两者的合力 F_R 称为全约束反力或全反力，即 $F_R = F_N + F_f$。根据二力平衡公理，主动力的合力 F 与全反力 F_R 大小相等、方向相反，且作用在同一直线上。

设全反力 F_R 与法线方向的夹角为 α，如图 3-13a 所示。若增大推力 F_p，静摩擦力 F_f 也随着增大，夹角 α 也相应增大；当物块处于临界平衡状态，静摩擦力达到最大值 F_{fm} 时，全反力 F_R 与法线间的夹角也达到最大值 φ_m，φ_m 称为摩擦角，如图 3-13b 所示。

$$\tan \varphi_m = \frac{F_{fm}}{F_N} = \frac{f_s F_N}{F_N} = f_s$$

即摩擦角的正切等于静滑动摩擦因数。

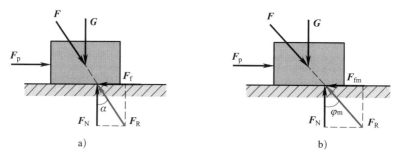

a)   b)

图 3-13　摩擦角

3. 自锁与自锁条件

在图 3-13 中，当物体处于平衡状态时，因 $0 \leqslant F_f \leqslant F_{fm}$，故 $0 \leqslant \alpha \leqslant \varphi_m$，即全反力 F_R 与法线间的夹角 α 总是小于或等于摩擦角 φ_m。

综上所述，作用在物体上的全部主动力的合力 F，不论其大小如何，只要其作用线与接触面法线间的夹角小于或等于摩擦角，物体与接触面就不可能产生滑动，这种现象称为**自锁**。

这种与主动力的大小无关，而只与摩擦角 φ_m 有关的平衡条件称为**自锁条件**。斜面的自锁条件：斜面的倾角 α 小于或等于摩擦角 φ_m。

工程应用

机械工程中常利用自锁原理设计一些机构或夹具。图 3-14a 所示的螺旋千斤顶，螺旋角 α 实际上是斜面的倾角 α（见图 3-14b），螺杆连同重物对底座螺母的作用力相当于斜面上滑块的重力。

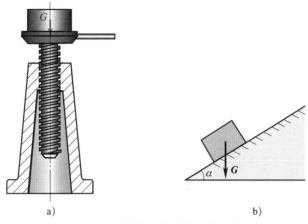

a)   b)

图 3-14 螺旋千斤顶及自锁分析

当 $\alpha \leqslant \varphi_m$ 时，螺杆与螺母产生自锁，此时螺杆连同重物不会自行下滑，而是在任意位置都能保持平衡。

为保证螺旋千斤顶有良好的自锁性能，一般取螺旋升角 $\alpha = 4° \sim 4° \, 30'$。

反之，在机械中，为了防止某些运动构件被卡阻，需防止自锁。例如，水力闸门启闭时，应避免自锁，以防止闸门卡阻。

知识拓展

槽 面 摩 擦

槽面接触是机械零部件间常见的一种接触形式，如 V 带传动、普通螺纹连接、机床工作台和导轨的接触面等都属于槽面接触。如果接触面间有相对滑动或相对滑动的趋势时，将产生槽面摩擦力。

如图 3-15 所示，两侧面对称的滑块 A 与夹角为 2β 的导槽 B 配合，滑块受铅垂载荷 F（包括自重），滑块与导槽两接触面间的静滑动摩擦因数为 f_s。如果沿导槽的纵向轴线方向作用一驱动力 F_1，可以得出结论：槽面摩擦力总是大于平面摩擦力，而且 β 角越小，槽面摩擦力越大。

在实际生产中，常利用槽面摩擦来增大摩擦力。例如，图 3-16 中的带传动，V 带带轮轮槽两侧面夹角为 38° 时，在相同条件下，V 带的传动能力约为平带传动能力的 3 倍。

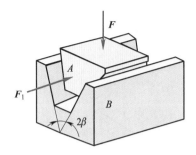

图 3-15　滑块与导槽的槽面接触

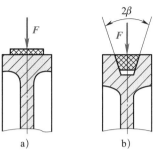

图 3-16　带传动
a）平带传动　b）V 带传动

本 章 小 结

1.　平面汇交力系平衡的条件

（1）平面汇交力系平衡的充要条件：平面汇交力系的合力为零，即：

$$F_R = \sum_{i=1}^{n} F_i = 0$$

（2）平面汇交力系平衡的解析条件：平面汇交力系中的各力在任意两个坐标轴上投影的代数和均为零，即：

$$\begin{cases} \sum_{i=1}^{n} F_{ix} = 0 \\ \sum_{i=1}^{n} F_{iy} = 0 \end{cases}$$

通过以上两个独立的平衡方程，可解出两个独立的未知量。

2.　平面一般力系平衡的充要条件

力系中的各力在两个不同方向的 x、y 轴上投影的代数和等于零，力系中的各力对力系所在平面内任意点的力矩的代数和等于零，即：

$$\begin{cases} \sum_{i=1}^{n} F_{ix} = 0 \\ \sum_{i=1}^{n} F_{iy} = 0 \\ \sum_{i=1}^{n} M_O(F_i) = 0 \end{cases}$$

3.　平面力系平衡问题的解题要点

（1）选取适当的研究对象，并画出研究对象的受力图（应准确无误地画出主动力和约束反力）。固定铰链的约束反力可以分解为相互垂直的两个分力。固定端的约束反力可以简化为相互垂直的两个分力和一个附加力偶。

（2）画受力图时，若无法判定未知力的方向，可以先假设，解题时根据计算结果的正负号确定该力的实际方向。若计算结果为正号，则说明此力的实际方向与受力图中假设的方向一致；若计算结果为负号，则说明此力的实际方向与受力图中假设的方向相反。

（3）根据受力图上各力所构成的力系列出平衡方程，并求解未知量。为了简化计算，选取直角坐标轴时，尽可能使力系中的多数力与坐标轴垂直或平行，而力矩中心应尽可能选在未知力的作用点或两未知力的交点上。

4. 平面力系平衡方程的各种形式（见表3-4）

表3-4　　　　　　　　　　平面力系平衡方程的各种形式

力系类型	基本形式	二力矩式	三力矩式
平面一般力系	$\begin{cases} \sum\limits_{i=1}^{n} F_{ix} = 0 \\ \sum\limits_{i=1}^{n} F_{iy} = 0 \\ \sum\limits_{i=1}^{n} M_O(\boldsymbol{F}_i) = 0 \end{cases}$	$\begin{cases} \sum\limits_{i=1}^{n} F_{ix} = 0 \\ \sum\limits_{i=1}^{n} M_A(\boldsymbol{F}_i) = 0 \\ \sum\limits_{i=1}^{n} M_B(\boldsymbol{F}_i) = 0 \end{cases}$ （A、B连线与x轴不垂直）	$\begin{cases} \sum\limits_{i=1}^{n} M_A(\boldsymbol{F}_i) = 0 \\ \sum\limits_{i=1}^{n} M_B(\boldsymbol{F}_i) = 0 \\ \sum\limits_{i=1}^{n} M_C(\boldsymbol{F}_i) = 0 \end{cases}$ （A、B、C三点不共线）
平面平行力系	$\begin{cases} \sum\limits_{i=1}^{n} F_{iy} = 0 \\ \sum\limits_{i=1}^{n} M_O(\boldsymbol{F}_i) = 0 \end{cases}$ （y轴与各力作用线不垂直）	$\begin{cases} \sum\limits_{i=1}^{n} M_A(\boldsymbol{F}_i) = 0 \\ \sum\limits_{i=1}^{n} M_B(\boldsymbol{F}_i) = 0 \end{cases}$ （A、B连线与各力作用线不平行）	
平面汇交力系	$\begin{cases} \sum\limits_{i=1}^{n} F_{ix} = 0 \\ \sum\limits_{i=1}^{n} F_{iy} = 0 \end{cases}$	$\begin{cases} \sum\limits_{i=1}^{n} M_A(\boldsymbol{F}_i) = 0 \\ \sum\limits_{i=1}^{n} M_B(\boldsymbol{F}_i) = 0 \end{cases}$ （A、B与力系的汇交点三点不共线）	
共线力系	$\sum\limits_{i=1}^{n} F_{ix}=0$（$x$轴与力作用线共线）		

思考与练习

应知练习

1. 什么是平面汇交力系？试举出几个工程或生活中常见的平面汇交力系的实例。

2. 在什么情况下由平衡方程计算出来的未知力是负值？负号的意义是什么？

3. 为便于解题，力系平衡方程的坐标轴方向应尽量与_____平行或垂直，矩心应取_____作用点或力作用线的交点。

4. 平衡方程 $\sum\limits_{i=1}^{n} M_A(\boldsymbol{F}_i) = 0$，$\sum\limits_{i=1}^{n} M_B(\boldsymbol{F}_i) = 0$，$\sum\limits_{i=1}^{n} F_{ix}=0$ 适用于_____力系，其使用限制条件为_____。

5. 平衡方程 $\sum\limits_{i=1}^{n} M_A(\boldsymbol{F}_i) = 0$，$\sum\limits_{i=1}^{n} M_B(\boldsymbol{F}_i) = 0$，$\sum\limits_{i=1}^{n} M_C(\boldsymbol{F}_i) = 0$ 的使用限制条件为_____。

6. 判断题（正确的打"√"，错误的打"×"）

（1）只要正确列出平衡方程，则无论坐标轴方向及矩心位置如何取定，未知量的最终计算结果总应一致。　　　　　　　　　　　　　　　　　　　　　　（　　）

（2）平面一般力系的平衡方程可用于求解各种平面力系的平衡问题。　　（　　）

（3）平面一般力系中的各力作用线必须在同一平面上任意分布。　　　　（　　）

7. 若某刚体在平面一般力系作用下平衡，则此力系中各分力对刚体（　　）之矩的代数和必为零。

A. 特定点　　　　　　B. 重心　　　　　　C. 任意点　　　　　　D. 坐标原点

8. 平面一般力系的平衡条件是（　　）。

A. 合力为零　　　　　　　　　　　　B. 合力矩为零

C. 各分力对某坐标轴投影的代数和为零　　D. 合力和合力矩均为零

9. 为便于解题，力矩平衡方程的矩心应取在（　　）上。

A. 坐标原点　　　　　　　　　　　　B. 未知力作用点

C. 任意点　　　　　　　　　　　　　D. 未知力作用线交点

10. 为便于解题，力的投影平衡方程的坐标轴方向一般应按（　　）方向取定。

A. 水平或铅垂　　　　　　　　　　　B. 任意

C. 与多数未知力平行或垂直

工程应用

11. 如图 3-17 所示，在三角架 ABC 的销 B 上，挂一重 200 N 的物体，已知 α=45°，β=30°，如不计杆的自重，试求杆 AB 和 BC 所受的力。

12. 图 3-18 所示为某钻床夹具用杠杆压紧工件，已知 l_a =60 mm，l_b =120 mm，α=30°，在螺钉处的压紧力 F_{NB}=200 N，求在工件处产生的压紧力 F_{NA}（提示：F_{NB} 和 F_{NA} 分别垂直于 B、A 处接触面）。

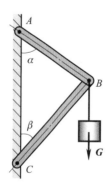

图 3-17　练习 11 图

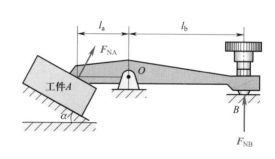

图 3-18　练习 12 图

13. 图 3-19 所示为发动机的凸轮机构，已知 α=30°，β=20°。当凸轮转动时，推动杠杆 AOB 来控制阀门 C 启闭，设压下阀门需要对它作用 400 N 的力，求凸轮对滚子 A 的推力 F 及支座 O 的约束反力（图中尺寸单位为 mm，不计摩擦）。

14. 飞机起落架如图 3-20 所示，自重不计，地面对轮子的反作用力 F_N=30 kN，试求铰链支座 A 和 B 的约束反力。

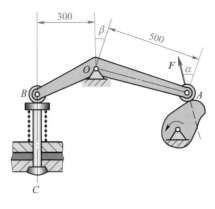

图 3-19 练习 13 图

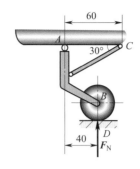

图 3-20 练习 14 图

15. 试求图 3-21 所示两种情况下 A 端的约束反力。

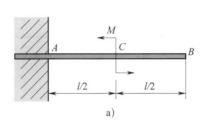

a)

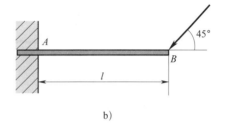

b)

图 3-21 练习 15 图

16. 求图 3-22 中各梁的约束反力。已知 F=400 N，F_1=150 N，F_2=300 N，M=10 000 N·mm，l=500 mm，a=200 mm，b=300 mm，c=100 mm。

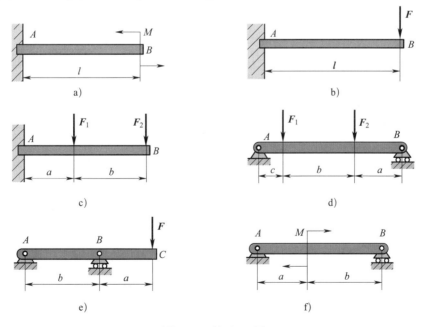

图 3-22 练习 16 图

第 2 篇

材 料 力 学

观察图Ⅱ–1，并思考用不同截面形状、尺寸的扁担抬水时，扁担的形状会发生什么变化。

图Ⅱ–1　用扁担抬水

与上述扁担一样，任何构件在外力作用下，其几何形状和尺寸大小均会产生一定程度的改变，并在外力增加到一定程度时发生破坏。构件的过大变形或破坏，均会影响工程结构的正常工作。材料力学就是研究构件的变形、破坏与作用在构件上的外力、构件的材料选用及构件的结构形式之间关系的学科，它为设计、维护、改造机械设备和建筑结构提供科学依据。

本篇将研究构件在外力作用下的变形和破坏规律，主要介绍材料力学的基础知识及构件的强度、刚度和稳定性等内容。

第4章

材料力学基础知识

学习目标

1. 明确材料力学研究的对象是具有一定承载能力的变形固体。
2. 了解杆件变形的四种基本形式。
3. 掌握构件的强度、刚度和稳定性的概念。
4. 了解材料力学的基本任务。

§4-1 材料力学的研究对象

一、材料力学的研究模型

材料力学研究的对象是固体材料构件。构件一般是由金属及其合金、工程塑料、复合材料、陶瓷、混凝土、聚合物等各种固体材料制成的，在载荷作用下将产生变形，故又称为**变形固体**。

变形固体的形式很多，进行简化之后，大致可归纳为杆件、板、壳和块四类，如图 4-1 所示。材料力学（本教材所选学部分）的研究范围主要限于研究杆件。

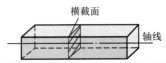

杆件：纵向（长度方向）尺寸远大于横向（垂直于长度方向）尺寸的构件。其中横截面形状和尺寸沿杆长不变的杆称为等直杆

板：厚度远小于其他两个方向尺寸且中面（平分其厚度的面）是平面的构件

壳：厚度远小于其他两个方向尺寸且中面（平分其厚度的面）是曲面的构件

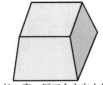

块：长、宽、厚三个方向上尺寸相差不大的构件

图 4-1 变形固体的形式

二、变形固体——构件的变形

在机械和结构工作时，构件会受到来自周围物体的力的作用，并相应发生形状与尺寸的变化，这种变化称为变形。根据性质不同，变形可分为弹性变形与塑性变形两种，见表 4-1。

表 4-1　　　　　　　　　　　　　　　　　构件的变形

形式	弹性变形	塑性变形
说明	任何构件受到外力作用后都会产生变形。当外力卸除后构件变形能完全消除的，称为弹性变形。材料这种能消除由外力引起的变形的性能称为弹性 在工程中，一般把构件的变形限制在弹性变形范围内	如果外力作用超过弹性变形范围，卸除外力后，构件的变形就不能完全消除而残留一部分，这部分不能消除的变形称为塑性变形。材料的这种产生塑性变形的性能称为塑性 在材料力学中要求构件只发生弹性变形，不允许出现塑性变形

在静力学的讨论中把构件看成不变形的刚体，即忽略工程结构的材料属性。而实际上，刚体在自然界中是不存在的。在材料力学中，不再把构件视为刚体，而是如实地把它们视为变形固体。同时，在研究外力对构件的内效应时，既不允许将力沿作用线滑移，也不允许用等效力系来代替。

三、杆件变形的基本形式

工程中的杆件会受到各种形式的外力作用，因此引起的杆件变形形式也是各式各样的。杆件变形的基本形式有四种，见表 4-2。工程中比较复杂的杆件变形一般是由这四种基本变形形式构成的组合变形。

表 4-2　　　　　　　　　　　　　　　　　杆件变形的基本形式

形式	图示	说明
轴向拉伸或压缩		杆件受到沿轴线方向的拉力或压力作用，杆件变形是沿轴向的伸长或缩短
剪切		杆件受到大小相等、方向相反且相距很近的两个垂直于杆件轴线方向的外力作用，杆件在两个外力作用面之间发生相对错动变形

形式	图示	说明
扭转		杆件受到一对大小相等、转向相反且作用面与杆件轴线垂直的力偶作用，两力偶作用面间的各横截面将绕轴线产生相对转动
弯曲		横向外力作用在包含杆件轴线的纵向对称面内，杆件轴线由直线弯曲成曲线

§4-2 材料力学的任务

一、构件安全性指标

为了保证机械和结构的正常工作，在外力作用下的构件应具有足够的承载能力。它包括以下三个方面要求。

1. 强度要求

强度是指构件抵抗破坏（断裂或塑性变形）的能力。

所谓强度要求是指构件承受载荷作用后不发生破坏（即不发生断裂或塑性变形）时应具有的足够的强度。

例如图 4-2 中，起重用的钢丝绳，在起吊达到额定质量时不能断裂。

2. 刚度要求

刚度是指构件抵抗弹性变形的能力。

所谓刚度要求是指构件承受载荷作用后不发生过大的变形时应具有的足够的刚度。

图 4-2 起重

例如图 4-3 所示车床主轴，即使有足够的强度，若变形过大，也会影响工件的加工精度。

3. 稳定性要求

稳定性是指构件受外力作用时，维持其原有直线平衡状态的能力。

所谓稳定性要求是指构件具有足够的稳定性，以保证在规定的使用条件下不致丧失稳定性而破坏。

例如螺旋千斤顶中的螺杆（见图 4-4a）、内燃机配气机构中的挺杆（见图 4-4b），当压力增大到一定的程度时，杆件就会突然变弯，失去原有的直线平衡形式。

综上所述，保证构件安全工作的三项安全性指标是指构件必须具有足够的强度、刚度和稳定性。

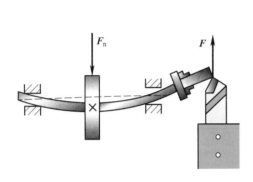

图 4-3 车床主轴

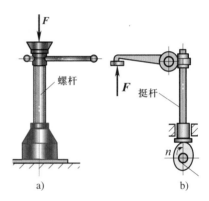

图 4-4 螺旋千斤顶和内燃机配气机构
a）螺旋千斤顶 b）内燃机配气机构

二、材料力学的基本任务

一般来说，通过加大构件横截面尺寸或选用优质材料等措施，可以提高构件的强度、刚度和稳定性。但过分加大构件横截面尺寸或盲目选用优质材料，会造成材料的浪费和产品成本的增加。

作为一门学科，材料力学主要研究固体材料的宏观力学性能，以及工程结构元件与机械零件的承载能力。材料力学的基本任务是研究构件在外力作用下的变形与破坏规律，为设计既经济又安全的构件提供有关强度、刚度和稳定性分析的基本理论和方法。它对人类认识自然和解决工程技术问题起着重要的作用。

工程应用

建筑施工的脚手架（见图 4-5）不仅需要足够的强度和刚度，而且还要保证有足够的稳定性，否则在施工过程中会由于局部杆件或整体结构的不稳定而导致整个脚手架的倾覆与坍塌，造成工程事故。

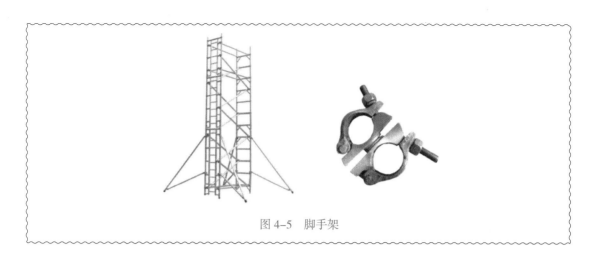

图 4-5　脚手架

变形固体的基本假设

变形固体的性质是复杂的，为了使问题简化，在材料力学中常采用以下基本假设作为理论分析的基础。

1. 均匀连续性假设

均匀连续性假设是指假设变形固体的性质在各处都是均匀的，物质毫无空隙地充满了整个几何空间，物体内任何部分的性质都完全相同。根据这一假设，物体的很多力学量可用其坐标的连续函数来表示，物体的力学性质可用在其内部任何部位切取的微小单元体来研究。

2. 各向同性假设

各向同性假设是指假设变形体在各个方向都有相同的力学性能。例如，铸钢、铸铁、玻璃等是各向同性材料。实际工程中也存在不少各向异性材料，如轧钢、纹理整齐的木材等。

3. 小变形假设

小变形假设是指假设变形固体在外力作用下所产生的变形与固体本身尺寸比较起来是很微小的。因此，在分析构件上力的平衡关系时，均可以原始尺寸为依据，而不考虑变形的影响。这给材料力学的分析研究带来很大的方便。

本 章 小 结

1. 材料力学的研究对象是变形固体。材料力学研究构件在外力作用下的变形和破坏规律，所以在材料力学中，变形为主要研究内容，应把构件看成变形固体。

2. 材料力学（本教材所选学部分）的研究范围，主要限于研究杆件，即长度远大于宽度和厚度的构件。横截面形状和尺寸沿杆长不变的杆称为等直杆。

3. 杆件在力的作用下可发生轴向拉伸或压缩、剪切、扭转和弯曲四种变形，工程实际中构件的复杂变形均为上述基本变形的组合。

4. 材料力学为工程中使用的各类构件提供选择材料、确定截面形状和尺寸等所必需的基础知识和计算方法。掌握了材料力学的知识，才能使构件及结构的设计既满足强度、刚度和稳定性要求，确保安全性，又节约材料、减小质量，达到经济指标。

强度是指构件抵抗破坏（断裂或塑性变形）的能力。

刚度是指构件抵抗弹性变形的能力。

稳定性是指构件受外力作用时，维持其原有直线平衡状态的能力。

 思考与练习

应知练习

1. 构件的承载能力指的是什么？

2. 构件正常工作时应满足的条件是（　　　　）。

A. 构件不发生断裂破坏

B. 构件原有形式下的平衡是稳定的

C. 构件具有足够的抵抗变形的能力

D. 构件具有足够的承载力、刚度和稳定性

3. 材料力学的基本任务是（　　　　）。

A. 研究材料的组成

B. 研究各种材料的力学性能

C. 在既安全又经济的原则下，为设计构件提供分析计算的基本理论和方法

D. 在保证安全的原则下设计构件的结构

4. 杆件变形的基本形式有哪几种？试举一两个日常生活或工程实际中的实例说明。

第 5 章
拉伸和压缩

学习目标

1. 了解轴向拉伸和压缩时构件的受力与变形特点。
2. 掌握轴向拉伸和压缩时构件的内力、应力的计算方法。
3. 了解胡克定律及其适用条件。掌握变形、应变和抗拉（压）刚度的概念。
4. 掌握安全系数和许用应力的概念，掌握拉伸和压缩时的强度条件及其应用。

§5-1　拉伸和压缩的力学模型

在工程机械与结构中，有很多构件在工作时承受拉伸或压缩的作用。这些构件由于轴向力（外力的合力作用线与杆的轴线重合）作用而沿其轴线产生伸长变形或缩短变形，这种变形形式称为**轴向拉伸**或**压缩**，简称**拉伸**或**压缩**。

如图 5-1 所示，气缸装置中的紧固螺栓为承受拉伸的杆件；如图 5-2 所示，螺旋千斤顶的螺杆为承受压缩的杆件。

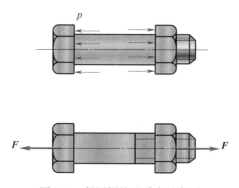

图 5-1　紧固螺栓及受力示意图

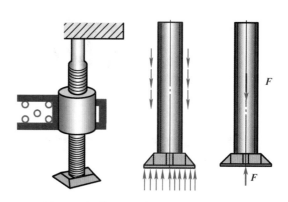

图 5-2　螺旋千斤顶的螺杆及受力示意图

一、轴向拉伸和压缩的力学模型

虽然杆件的外形各有差异，加载方式也不同，但都可以抽象为如图 5-3 所示的力学模型。

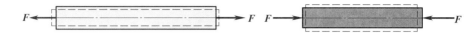

图 5-3　轴向拉伸和压缩的力学模型

二、轴向拉伸和压缩变形的特点

观察轴向拉伸和压缩变形的例子，不难看出它们具有以下特点：

1. 受力特点

作用于杆件两端的外力大小相等、方向相反，作用线与杆件轴线重合。

2. 变形特点

杆件沿轴线方向伸长或缩短。

3. 构件特点

等截面直杆。

§5-2　拉伸（压缩）时横截面上的内力——轴力

一、内力

如图 5-4 所示，用手拉弹簧时，手会感到弹簧内部有一种反抗伸长的抵抗力存在，而且手用力越大，弹簧伸长越长，这种反抗伸长的抵抗力也就越大。

图 5-4　弹簧拉力器

因外力作用而引起构件内力的改变量，称为**附加内力**，在材料力学中，**附加内力简称内力**。它的大小及其在构件内部的分布规律随外部载荷的改变而改变，并与构件的强度、刚度和稳定性等问题密切相关。当内力大小超过一定的限度时，则构件不能正常工作。内力分析是材料力学的基础。

四种基本变形的内力见表 5-1。

表 5-1 四种基本变形的内力

类型	图示	说明
轴向拉伸、压缩变形		截面上的内力为轴力——与轴线重合，用 F_N 表示
剪切变形		截面上的内力为剪力——与截面平行，用 F_Q 表示
扭转变形		截面上的内力为扭矩——作用在横截面内的内力偶矩，用 M_T 表示
弯曲变形		截面上的内力为弯矩与剪力——弯矩为作用在杆轴线平面内的内力偶，剪力可略去，用 M_W 和 F_Q 表示

由此可知，内力的大小及其在杆件内的分布规律与杆件的强度、刚度和稳定性密切相关。因此，为了保证杆件在外力作用下能安全正常地工作，就必须研究杆件的内力。

二、内力的计算——截面法

杆件发生拉压变形时，横截面上的内力是指横截面上分布内力的合力，如图 5-5 所示。求内力时，在受轴向拉力 F 的杆件上作任意横截面 $m—m$，取左段部分为研究对象，并以内力的合力 F_N 代替右段对左段的作用力，如图 5-5b 所示。

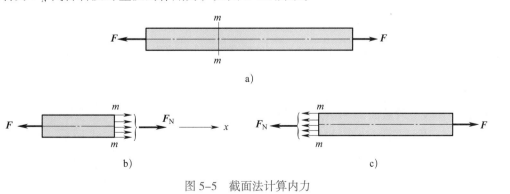

图 5-5 截面法计算内力

设 $\boldsymbol{F}_N$ 的方向如图 5–5b 所示，由共线力系的平衡条件 $\sum_{i=1}^{n}F_{ix}=0$ 得

$$F_N-F=0$$

$$F_N=F \text{（合力 } \boldsymbol{F}_N \text{ 的方向与图 5–5b 所示方向相同）}$$

若取右段部分，如图 5–5c 所示，同理，由共线力系的平衡条件 $\sum_{i=1}^{n}\boldsymbol{F}_{ix}=0$ 得

$$F-F_N=0$$

$$F_N=F \text{（合力 } \boldsymbol{F}_N \text{ 的方向与图 5–5c 所示方向相同）}$$

取上述杆件的一部分为研究对象，利用静力学平衡方程求内力的方法称为**截面法**。截面法是材料力学中求内力的基本方法，不同变形形式下的内力都可以用此方法求得。用截面法求内力可按以下三个步骤进行。

1. 截开

将杆件在欲求内力的截面处假想地切开，取其中一部分为研究对象，画出该部分所受的外力。

2. 代替

用截面上的内力来代替去掉部分对选取部分的作用。在计算内力时，一般先假设内力为正（当内力方向很明显时，也可按实际方向设定）。

3. 平衡

列出选取部分的静力学平衡方程，确定未知内力的大小和方向。

轴力的正负有以下规定：当轴力指向离开截面（与截面外法线方向相同）时，杆件受拉，规定轴力为正，轴力为拉力；反之，当轴力指向截面（与截面外法线方向相反）时，杆件受压，规定轴力为负，轴力为压力。即拉为正，压为负。

解题须知：

（1）当求解存在多个外力作用的杆件的内力时，切忌主观判断而误将截面附近作用的外力当作该截面上的内力。

（2）在两个轴向外力之间取任意截面时，不要在外力作用点切取，因为在外力作用点处的截面上其内力是不确定值。

（3）轴力的大小等于截面一侧（左或右）所有外力的代数和。

例 5–1   图 5–6a 所示为一液压系统中液压缸的活塞杆。作用于活塞杆轴线上的外力可以简化为 $F_1=9.2 \text{ kN}$，$F_2=3.8 \text{ kN}$，$F_3=5.4 \text{ kN}$，试求活塞杆横截面 1—1 和 2—2 上的内力。

分析：

在选取研究对象求截面上的内力时，应尽可能取受力较简单的部分，以便于计算。

解：

（1）计算截面 1—1 上的内力

1）在 AB 段上取截面 1—1 的左段为研究对象，画其受力图。

2）用 $\boldsymbol{F}_{N1}$ 表示右段对左段的作用，设其方向指向横截面，如图 5–6b 所示。

3）取向右为 x 轴的正方向，列出截面 1—1 左段的静力学平衡方程，由 $\sum_{i=1}^{n}F_{ix}=0$ 得

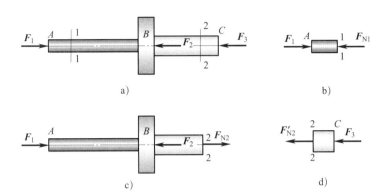

图 5-6　液压缸活塞杆的受力分析

$$F_1-F_{N1}=0$$

$$F_{N1}=F_1=9.2\ \text{kN}（内力为压力）$$

（2）计算截面 2—2 上的内力

1）在 BC 段上取截面 2—2 的左段为研究对象，画其受力图。

2）用 F_{N2} 表示右段对左段的作用，设其方向指向离开横截面，如图 5-6c 所示。

3）取向右为 x 轴的正方向，列出截面 2—2 左段的静力学平衡方程，由 $\sum\limits_{i=1}^{n} F_{ix}=0$ 得

$$F_1+F_{N2}-F_2=0$$

$$F_{N2}=F_2-F_1=3.8\ \text{kN}-9.2\ \text{kN}=-5.4\ \text{kN}（内力为压力）$$

计算结果中的负号说明 F_{N2} 的实际指向与图示假设方向相反。

在例 5-1 中，若在 BC 段上取截面 2—2 的右段为研究对象，如图 5-6d 所示，其计算结果如何？

三、轴力图

当杆件受到多于两个与轴线重合的外力作用时，在不同杆段内，轴力将不尽相同。为了直观地表明各截面上的轴力沿轴线的变化，通常采用图线表示法，即用平行于杆件轴线的横坐标 x 轴表示各横截面的位置，纵坐标则表示相应截面上轴力的大小，这样的图线称为轴力图。在轴力图中，将拉力绘制在 x 轴的上侧，并加一符号⊕；压力绘制在 x 轴的下侧，并加一符号⊖。

轴力图不仅显示出杆件各段的轴力的大小，而且还可以表示出各段的变形是拉伸还是压缩。在例 5-1 中，AC 段各截面的轴力图如图 5-7 所示，由图可见：AB 段的轴力比 BC 段的轴力大，且 AC 段为压缩变形。

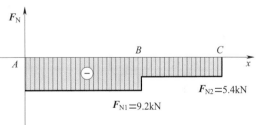

图 5-7　各截面的轴力图

67

双螺母防松的应用原理

单个螺母与螺栓组成的螺栓连接，在机器工作时，由于振动或冲击，往往会造成螺纹间的压力突然消失，螺母瞬时处于"自由状态"，产生松动甚至脱落，造成损失。双螺母连接是螺栓连接中常用的防松方法，如图 5-8 所示。为什么双螺母连接就能很好地防松呢？分析螺栓杆的轴力图就能解释其中的奥秘。

图 5-9a、b 所示分别为上、下螺母与螺栓的受力图。

当双螺母拧紧时，上螺母受到的力有：下螺母给它的作用力 F_1（压紧力），螺栓给它的作用力 F_3（螺纹牙所受力的合力）；下螺母受到的力有：上螺母给它的反作用力 F_1'，螺栓给它的作用力 F_4，以及垫圈给它的作用力 F_2。

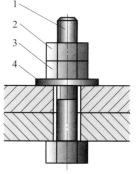

图 5-8 双螺母连接
1—螺栓 2—上螺母
3—下螺母 4—垫圈

当用力将两螺母互相并紧的时候，两个螺母的螺纹就向相反的方向顶紧螺杆，上螺母与螺杆螺纹间存在相互作用力 F_3 与 F_3'，且"并"得越紧，"顶"力就越大，螺母与螺杆螺纹间的相互作用力（F_3 与 F_3'）就越大。一旦螺母产生松动趋势时，上、下螺母间相互作用力 F_1 与 F_1' 产生的摩擦阻力矩，以及下螺母和垫圈之间相互作用力 F_2 与 F_2' 产生的摩擦阻力矩就能阻碍上、下螺母的松动。机器振动时，一般不会使这些力消失，故使用双螺母能起到防松作用。

根据螺栓受力图（见图 5-9c），用截面法可分段求得轴力为

$$F_{N1}=F=F_3-F_4$$

$$F_{N2}=F_3$$

根据各段轴力的大小可画出轴力图，如图 5-9d 所示。

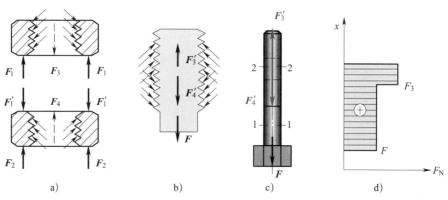

a)　　　　　　　　b)　　　　　　　　c)　　　　　　　　d)

图 5-9 螺栓、螺母的受力图与轴力图

从图 5-9a、b 中可以看出，螺栓与螺母可简化为轴向拉伸与压缩构件；在双螺母连接中，最大轴力发生在螺纹连接处。

必须指出，在螺纹连接中使用各种防松垫圈（如弹簧垫圈）也能起到很好的防松作用。

§5-3 拉伸（压缩）时的强度条件及其应用

**想一想**　如图 5-10 所示，两根材料相同、横截面面积不同的杆件所受外力相同，随着外力的增大，哪一根杆件先断裂破坏？

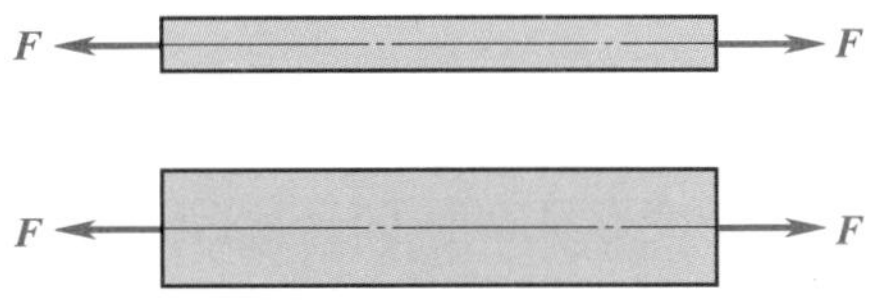

图 5-10　不同横截面杆件受力

通过上一节的学习，了解到轴力 F_N 是整个横截面上的内力，大小只与外力有关，与横截面面积大小无关。如果两根杆件材料一样，所受外力相同，只是横截面面积大小不同，但是内力是一样的，显然较细的杆件容易破坏。因此，只知道内力还不能解决强度问题，必须综合内力、横截面面积两个因素才能正确反映一个杆件的强度。

工程上常用应力来衡量构件受力的强弱程度。构件在外力作用下，单位面积上的内力称为**应力**。某个截面上，与该截面垂直的应力称为**正应力**，与该截面相切的应力称为**切应力**。

一、拉伸（压缩）时横截面上的应力——正应力

由于拉伸或压缩时内力与横截面垂直，故其应力为正应力。正应力用字母 σ 表示，工程上常采用兆帕（MPa）作为应力单位。

$$1\ Pa = 1\ N/m^2,\ 1\ MPa = 1\ N/mm^2$$

$$1\ GPa（吉帕）= 10^3\ MPa = 10^6\ kPa = 10^9\ Pa$$

大量实验证明，杆件在轴向拉伸或压缩时，其伸长或缩短变形是均匀的；轴力在横截面上的分布也是均匀的。如果横截面面积为 A，该横截面上的轴向内力为 F_N，则正应力 σ 可用下式计算：

$$\sigma = \frac{F_N}{A}$$

式中　σ——杆件横截面上的正应力，Pa；

　　　F_N——杆件横截面上的轴力，N；

　　　A——杆件横截面面积，m^2。

— 69 —

σ 的正负规定与轴力相同，拉伸时的应力为拉应力，用"+"表示；压缩时的应力为压应力，用"–"表示。

二、拉伸（压缩）时横截面上的应变——线应变

1. 绝对变形与相对变形

等直杆受轴向拉伸（压缩）时，将引起轴（纵）向尺寸和横向尺寸的变化。设等直杆的原长为 L_0，横向尺寸为 d_0，受轴向拉伸（压缩）后，杆件的长度为 L_1，横向尺寸为 d_1。仅研究轴向尺寸的变化，则其轴向绝对变形为：

$$\Delta L = L_1 - L_0$$

对于拉杆（见图 5-11），ΔL 为正值；对于压杆（见图 5-12），ΔL 为负值。

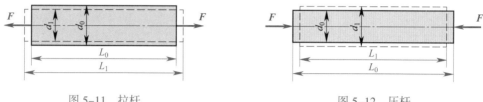

图 5-11　拉杆　　　　　　　　　　　　图 5-12　压杆

绝对变形只表示了杆件变形的大小，但不能表示杆件变形的程度。为了消除杆件长度的影响，通常以绝对变形除以原长得到单位长度上的变形量——相对变形（即**应变**，因仅限轴向，又称**线应变**）来度量杆件的变形程度。用符号 ε 表示：

$$\varepsilon = \Delta L / L_0 = (L_1 - L_0) / L_0$$

式中，ε 无单位，通常用百分数表示。对于拉杆，ε 为正值；对于压杆，ε 为负值。

2. 胡克定律

杆件拉伸或压缩时，变形和应力之间存在着一定的关系，这一关系可以通过实验测定。

轴向拉伸或压缩实验表明：当杆件横截面上的正应力不超过一定限度时，杆件的正应力 σ 与轴向线应变 ε 成正比。即：

$$\sigma = \varepsilon E$$

该式称为胡克定律，是材料力学中一个非常重要的关系式。应用此关系式可以由已知的应力求变形；反之，也可以通过对变形的测定来求应力。

式中，常数 E 称为材料的弹性模量，其单位与应力相同，反映了材料的弹性。材料的 E 值越大，变形越小，故它是衡量材料抵抗弹性变形能力的一项指标。工程中常用材料的 E 值见表 5-2。

表 5-2　　　　　　　　　　　工程中常用材料的 E 值和 G 值[①]　　　　　　　　　　　GPa

材料名称	E	G	材料名称	E	G
非合金钢	$196 \sim 216$	$78.5 \sim 79.5$	铜及其合金	$73 \sim 128$	$39.2 \sim 45.1$
合金钢	$186 \sim 206$	79.5	铝合金	70	$26 \sim 27$
灰铸铁	$78.5 \sim 157$	44.1	橡胶	3	—

① G 值的意义将在本书第 6 章中说明。

若将 $\varepsilon=\Delta L/L_0$ 和 $\sigma=F_N/A$ 代入式 $\sigma=\varepsilon E$，则可得到胡克定律的另一种表达形式：

$$\Delta L=F_N L_0/(EA) \tag{5-1}$$

式（5-1）表明：当横截面上的正应力不超过某一限度时，杆件的绝对变形 ΔL 与轴力 F_N 的大小及杆长 L_0 成正比，与杆件的横截面面积 A、材料的弹性模量 E 成反比。对于长度相等、受力相同的杆件，EA 值越大，杆件变形越困难；EA 值越小，杆件变形越容易。乘积 EA 反映了杆件抵抗拉（压）变形能力的大小，称为杆件的抗拉（压）刚度。

三、强度条件

1. 工作应力和极限应力

前面讨论杆件轴向拉压时横截面上的应力是指杆件工作时由载荷引起的实际应力，称为**工作应力**。工作应力仅取决于外力和杆件的几何尺寸。只要外力和杆件的几何尺寸相同，由不同材料做成的杆件的工作应力是相同的。

由低碳钢等塑性材料制成的杆件，当应力达到屈服极限 R_{eL} 时，会因显著的塑性变形而使杆件原有形状和尺寸发生改变，不能再正常工作。由铸铁等脆性材料制成的杆件，当应力达到抗拉强度 R_m 时，材料将产生较大塑性变形或断裂。杆件失去正常工作能力或发生断裂破坏时的应力，称为**极限应力**，以 σ° 表示。

显然，塑性材料的极限应力是屈服极限 R_{eL}，脆性材料的极限应力是抗拉强度 R_m。

2. 许用应力和安全系数

（1）许用应力 $[\sigma]$

考虑到材料的均匀程度、载荷估计的准确性、实际杆件的简化过程与应力计算方法的精确性、杆件的重要性及工作条件等因素，为了保证杆件具有足够的强度，应使它的最大工作应力与其极限应力之间有适当的强度储备。因此，工程上把极限应力 σ° 除以一个大于 1 的安全系数 n，作为设计时应力的最大允许值，称为材料的**许用应力**，用 $[\sigma]$ 表示，即：

$$[\sigma]=\sigma^\circ/n$$

（2）安全系数 n

正确选取安全系数，关系到杆件的安全性与经济性。在保证杆件安全可靠的前提下，应尽可能采用较小的安全系数。各种材料在不同工作条件下的许用应力和安全系数可以从有关规范或设计手册中查到。在静载荷下的强度计算中，对于塑性材料，可取屈服安全系数 $n_s=1.2\sim2.5$；对于脆性材料，可取强度安全系数 $n_b=2.0\sim3.5$。

3. 强度条件

强度计算中，限制杆件最大工作应力不得超过材料许用应力 $[\sigma]$ 的条件，称为强度条件。轴向拉伸或压缩杆件强度条件的表达式为：

$$\sigma=F_N/A \leqslant [\sigma]$$

根据强度条件表达式，可解决工程中的三类强度计算问题：强度校核、选择截面尺寸和确定许可载荷（见表5-3）。

表 5–3 抗拉（压）强度条件的应用

计算类别	已知条件	计算公式
强度校核	已知杆件的许用应力 $[\sigma]$、横截面面积 A 以及所受载荷，验算杆件中的最大工作应力能否小于或等于 $[\sigma]$	$\sigma = F_N/A \leq [\sigma]$
选择截面尺寸	已知杆件所受载荷和所用材料，确定杆件所需横截面面积	$A \geq F_N / [\sigma]$
确定许可载荷	已知杆件尺寸（即横截面面积 A）和材料的许用应力 $[\sigma]$，确定该杆件所能承受的最大载荷	$F_N \leq [\sigma] A$

解题须知：

（1）如果杆件上的最大工作应力超过许用应力，但只要超过量小于许用应力的 5%（即 $\sigma_{max} - [\sigma] \leq [\sigma] \times 5\%$），在工程计算中仍然是允许的。

（2）利用强度条件计算受压直杆仅限于较粗短的直杆，而对于细长杆的受压计算将在压杆稳定性问题中介绍。

例 5–2 汽车离合器踏板受力分析如图 5–13 所示。已知踏板受压力 F_1=400 N，拉杆直径 d= 20 mm，杠杆臂长 l=330 mm，h=56 mm，拉杆材料的许用应力 $[\sigma]$=40 MPa，试校核拉杆的强度。

分析：

这是属于校核强度问题，计算工作应力前一定要设法求出拉杆受到的内力和外力，而利用力矩平衡条件方程求外力是本题的关键。

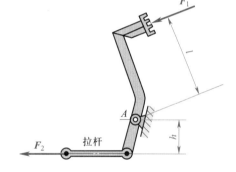

图 5–13 汽车离合器踏板受力分析

解：

（1）计算拉杆所受的外力 F_2

踏板为绕固定轴 A 转动的杠杆，由平衡方程 $\sum_{i=1}^{n} M_A(\boldsymbol{F}_i) = 0$，列方程：

$$F_1 l - F_2 h = 0$$

得：$F_2 = F_1 l/h = 400 \text{ N} \times 330 \text{ mm}/56 \text{ mm} \approx 2\,357.1 \text{ N}$

（2）求拉杆横截面上的内力

由截面法可以求得：

$$F_N = F_2$$

（3）校核拉杆的强度

由 $\sigma = F_N/A$ 得：

$$\sigma = F_2 / (\pi d^2/4) = 4 F_2 / (\pi d^2)$$
$$\approx [4 \times 2\,357.1/(3.14 \times 20^2)] \text{ MPa}$$
$$\approx 7.5 \text{ MPa} < [\sigma] = 40 \text{ MPa}$$

所以拉杆强度足够。

推铰法与拉铰法的实验比较

比较推铰法和拉铰法可在车床上进行，对车床进行改装，只需在刀架上添置一夹具，铰刀与工件孔的同轴度为 $\phi0.01$ mm。

具体的实验条件为：应用 $\phi20$ mm 机用铰刀；孔深为 80 mm，单边加工余量为 0.1～0.12 mm；加工材料为 45 钢，硬度为 240～260HBW。

实验证明：采用图 5-14a 所示常规的推铰法，将工件夹在主轴卡盘上，铰刀柄装夹在刀架上，铰刀的切削刃伸进导向套管孔内，百分表测头伸到铰刀柄圆柱面上，主轴回转自动进给。当铰刀刃口切入工件孔口时，表上指针无摆动，随着铰刀深入，指针摆动逐渐增加，铰毕时表上指针摆动量为 0.05 mm，有振动时为 0.07 mm，工件孔的精度较铰刀精度低两级，并且孔的圆柱表面上有波纹和环形痕迹，表面粗糙度值为 $Ra3.2\ \mu m$。

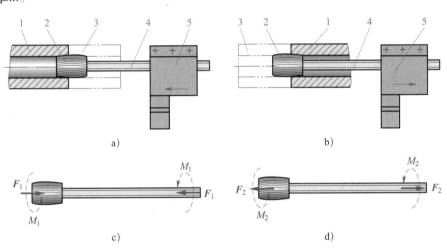

图 5-14 推铰法与拉铰法的实验比较
1—工件 2—铰刀 3—导向套管 4—刀杆 5—刀架

若采用图 5-14b 所示拉铰法，指针摆动量只有 0.01 mm，切削稳定，孔的精度比推铰法高，表面粗糙度值为 $Ra0.8\ \mu m$ 左右。

推铰法与拉铰法铰刀受力分析分别如图 5-14c、d 所示。在切削加工时，刀具刃口的切削力方向对刀具的刚度有极其重要的影响。推铰时刀具承受轴向切削压力，会使刀具产生弯曲和歪斜，降低了刚度，引起振动，使加工精度降低和表面粗糙度值提高。反之，拉铰时刀具承受轴向切削拉力，因径向切削力作用使刀杆发生弯曲变形，这个轴向拉力会使弯曲程度减小，增强刀杆的刚度，这样切削时不易振动并能提高孔的加工质量（外力偶矩 M_1 或 M_2 不是影响铰削加工质量的主要因素）。

从以上实验可以得出结论，拉铰法比推铰法好。影响铰削加工质量的主要因素是轴向力，且轴向拉力增强刀杆的刚度，被加工孔的质量较好，因此，成批生产时尽可能采用拉铰法。

 知识拓展

应力集中现象

1. 应力集中的概念

工程上有些零件，由于结构和工艺方面的需要，经常有切口、开槽、螺纹、油孔和台肩等结构，造成截面尺寸发生突然变化。当其受轴向拉伸或压缩时，由实验和理论证明，横截面上的应力不是均匀分布的。

如图 5-15 所示，杆件开有圆孔或带有切口，当其受轴向拉伸时，通过光测弹性力学的实验分析可以证明，在圆孔或切口附近的局部区域内，应力急剧增大，而在离开这一区域稍远的地方，应力迅速降低而趋于均匀。这种因杆件外形突然变化而引起局部应力急剧增大的现象，称为**应力集中**。

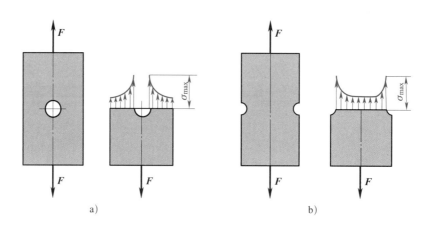

图 5-15 开有圆孔或带有切口的杆件

设发生应力集中的截面上的最大应力为 $\sigma_{\max}$，同一截面上的平均应力为 σ_m，则比值 $\alpha = \sigma_{\max}/\sigma_m$ 称为理论应力集中系数。它反映了应力集中的程度，是一个大于 1 的系数。实验结果表明：截面尺寸改变得越急剧，角越尖，孔越小，应力集中的程度就越严重。因此，在设计杆件时应尽可能避免带尖角的孔和槽，在台阶轴的轴肩处要用圆弧过渡，以减缓应力集中。

2. 应力集中对杆件强度的影响

在静载荷（载荷从零缓慢增加到一定值后保持恒定）的作用下，应力集中对杆件强度的影响随材料性质而异，这是因为不同材料对应力集中的敏感程度不同。塑性材料制成的杆件在静载荷下可以不考虑应力集中的影响。因为塑性材料有屈服阶段，当局部最大应力达到屈服极限 R_{eL} 时，应力不再增大。继续增加的外力由截面上尚未屈服的材料来承担，使截面上其他点的应力相继增大到屈服极限（见图 5-16）。这就使截面上的应力趋于平均，降低了应力不均匀程度，限制了最大应力的数值。而脆性材料制成的杆件即使在静载荷作用下，也应考虑应力集中对强度的影响。因为脆性材料没有屈服阶段，应力集中处的最大应力一直增加到抗拉强度 R_m 时，在该处首先产生裂纹，直至断裂破坏。但对于灰铸铁，其内部组织的不均匀性和缺陷是产生应力集中的主要因素，而杆件外形或截面尺寸改变所引起的应力集中就成为次要因素，对杆件的强度不一定造成明显的影响。因此，在设计灰铸铁杆件时，可以不考虑局部应力集中对强度的影响。

在动载荷（载荷随时间变化）的作用下，不论是塑性材料还是脆性材料，都应考虑应力集中对杆件强度的影响，它往往是杆件破坏的根源。

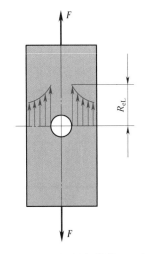

图 5-16 塑性材料横截面上的应力分布

本 章 小 结

1. 轴向拉伸和压缩是工程构件中常见的基本变形形式。研究时从分析外力着手，然后用截面法求出内力，再对根据实验观察的变形现象进行分析，得出横截面上各点应力的分布规律，最后导出应力计算公式，进行强度计算。

2. 计算内力和应力是进行强度计算的基础，应重点掌握以下内容：

（1）取杆件一部分为研究对象，利用静力学平衡方程求内力的方法称为截面法。

（2）杆件轴向拉压时的内力（它的合力作用线与杆件轴线重合）称为轴力。

（3）杆件单位横截面上的内力称为应力。拉压杆的应力在截面上可以认为是均匀分布的，计算公式为 $\sigma = F_N/A$。

3. 胡克定律表达式 $\sigma = \varepsilon E$ 表明了在比例极限范围内应力与应变之间的关系。另一种表达式 $\Delta L = F_N L_0/(EA)$ 表明了力与变形的关系。它们是材料力学中两个很重要的公式，必须熟记，并注意它们的适用范围。弹性模量 E 是材料抵抗拉压变形能力的一个系数。EA 称为杆件的抗拉（压）刚度。

4. 强度计算是材料力学研究的主要问题。拉压杆的强度条件是 $\sigma = F_N/A \leqslant [\sigma]$，它可以解决工程中的三类强度计算问题：校核强度、选择截面尺寸、确定许可载荷。要熟练掌握利用强度条件进行计算的方法，解题时先要判断题目是属于以上三类问题中的哪一类问题，再运用强度条件求解。

思考与练习

应知练习

1. 如图 5-17 所示，A、B 是两根材料相同、横截面面积相等的直杆，$L_A > L_B$，承受相等的轴向拉力，那么 A、B 两杆的绝对变形是否相等？相对变形是否相等？为什么？

2. 如图 5-18 所示，C、D 是两根材料相同、长度相等的直杆，杆 C 为等截面，杆 D 为阶梯形截面，承受相等的轴向拉力。试回答下列问题：

（1）两杆的绝对变形和相对变形是否相等？

（2）两杆各段横截面上的应力是否相等？

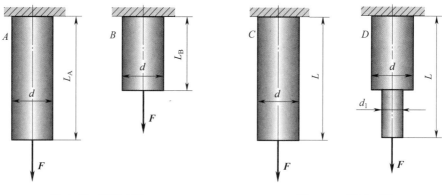

图 5-17　练习 1 图　　　　　　　图 5-18　练习 2 图

3. 两根不同材料的等直杆，其横截面积与长度均相等，承受相等的轴向拉力。试回答下列问题：

（1）两杆的绝对变形和相对变形是否相等？

（2）两杆横截面上的应力是否相等？

（3）两杆的强度是否相等？

4. 塑性材料和脆性材料的力学性能有哪些主要区别？

工程应用

5. 试求图 5-19 所示两杆横截面 1—1、2—2 和 3—3 上的轴力。已知 $F_1 = 40$ kN，$F_2 = 30$ kN，$F_3 = 20$ kN。

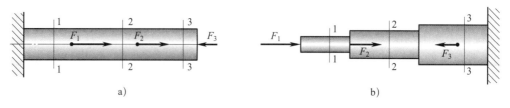

a)　　　　　　　　　　　　　　　　b)

图 5-19　练习 5 图

6. 柴油机上的气缸盖螺栓尺寸如图 5-20 所示。已知螺栓承受拧紧力 F=390 kN，材料的弹性模量 E=210 GPa，试求螺栓的伸长量（两端螺纹部分不考虑）。

7. 如图 5-21 所示空心混凝土柱受轴向压力 F=300 kN。已知 l_a=125 mm，d=75 mm，材料的许用应力 $[\sigma]$=30 MPa，试校核此柱的强度。

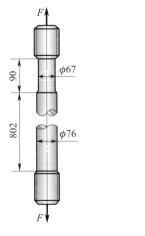

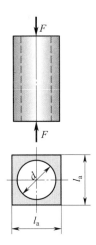

图 5-20　练习 6 图　　　　　　图 5-21　练习 7 图

第 6 章

剪切和挤压

1. 明确连接件的两种破坏形式（剪切破坏和挤压破坏），以及破坏的特点。
2. 了解剪切和挤压的实用计算只是一种假定计算。
3. 能够较准确地区分剪切面和挤压面。
4. 能够运用抗剪强度条件和抗挤压强度条件进行连接件的强度计算。

剪切变形是工程中经常遇到的变形之一，连接件在起连接作用的同时，将在剪切力和挤压力的作用下发生剪切变形和局部挤压变形。本章将介绍剪切与挤压的概念及其强度条件在工程上的实用计算方法。

§6-1 剪切和挤压的力学模型

一、剪切

工程中广泛应用的各种连接件，如图 6-1a 中的螺栓连接和图 6-1b 中的键连接等，在工作时主要发生剪切变形，剪切变形是工程中常见的一种基本变形形式。

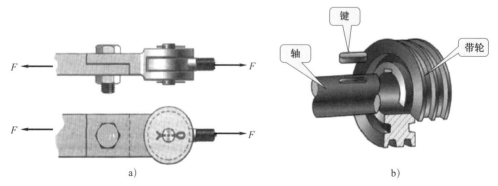

图 6-1 螺栓连接和键连接
a）螺栓连接　b）键连接

1. 剪切变形的基本概念

下面以图 6-2 所示的铆钉连接为例，分析构件的受力与变形特征。当构件工作时，铆钉的两侧面上受到一对大小相等、方向相反、作用线平行且相距很近的外力作用，铆钉沿两个力作用线之间的截面发生相对错动变形，这种变形称为**剪切变形**。发生相对错动的截面称为**剪切面**，它平行于作用力的作用线，位于构成剪切的两力之间。

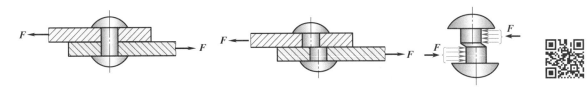

图 6-2　剪切变形

2. 剪切变形的特点

（1）受力特点

作用在构件两侧面上的外力的合力大小相等、方向相反、作用线平行且相距很近。

（2）变形特点

介于两作用力之间的各截面，有沿作用力方向发生相对错动的趋势。

3. 剪切的实用计算

为了对受剪切作用的构件进行抗剪强度计算，需先求出剪切面上的内力。下面以图 6-3 所示的铆钉为例进行分析。用截面法将铆钉沿其截面 m—m 假想截开，取任意部分为研究对象，由平衡方程求得：

$$F_Q = F$$

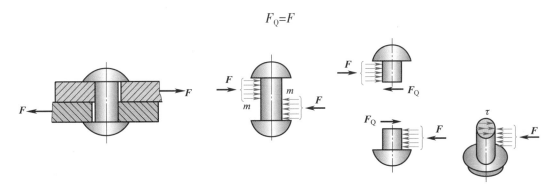

图 6-3　铆钉受力分析

这个平行于截面的内力称为剪力，用 F_Q 表示。平行于截面的应力称为切应力，用符号 τ 表示。切应力在剪切面上的分布情况比较复杂，为了计算简便，工程中通常采用以实验、经验为基础的实用计算，即近似地认为切应力在剪切面上是均匀分布的，于是有：

$$\tau = F_Q / A$$

式中　τ——切应力，MPa；

　　　F_Q——剪切面上的剪力，N；

　　　A——剪切面面积，mm^2。

二、挤压

想一想

观察图6-4中的螺栓连接，它在发生剪切变形的同时还会发生什么变形？

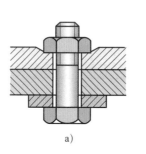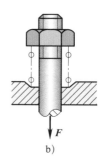

图6-4　螺栓连接

1. 挤压变形的基本概念

构件受外力作用发生剪切变形时，往往伴随有其他形式的变形产生。如图6-5所示，铆钉侧面所受的力 F，是通过被连接件的孔壁与铆钉半圆柱表面之间的接触压紧而产生的。这种局部表面受压的现象称为**挤压变形**。产生挤压时构件之间的接触面称为**挤压面**。若挤压力过大时，在接触面的局部范围内将产生塑性变形，致使结构不能正常使用，这种现象称为**挤压破坏**。

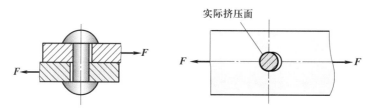

图6-5　连接件中的挤压破坏

挤压面上的作用力称为**挤压力**，用 F_{jy} 表示。挤压面上由挤压引起的应力称为**挤压应力**，用 σ_{jy} 表示。挤压应力在挤压面上的分布也比较复杂，和剪切一样，工程中也采用实用计算，即假定挤压应力在挤压面上是均匀分布的，于是有：

$$\sigma_{jy}=F_{jy}/A_{jy}$$

式中　　σ_{jy}——挤压应力，MPa；

　　　　F_{jy}——挤压面上的挤压力，N；

　　　　A_{jy}——挤压面的计算面积，mm^2。

2. 挤压面的计算

挤压面的计算面积 A_{jy} 需根据挤压面的形状来确定。在键连接中，挤压面为平面，则挤压面的计算面积按实际接触面积计算，即 $A_{jy}=lh/2$。对于销钉、铆钉等圆柱形连接件，其挤压面为半圆柱面，则挤压面的计算面积为半圆柱的正投影面积，即 $A_{jy}=dt$，详见表6-1。

在分析与计算连接件的剪切面与挤压面时，应注意：

（1）剪切面与外力方向平行，作用在两连接件的错动处。

（2）挤压面与外力方向垂直，作用在连接件与被连接件的接触处。

表 6-1　　　　　　　　　　　　常用连接件的剪切面、挤压面的计算

连接类型	图例	剪切面、挤压面
键连接		$A=bl$ $A_{jy}=\dfrac{1}{2}lh$
铆钉连接 销连接		$A=\dfrac{1}{4}\pi d^2$ $A_{jy}=dt$
冲压件		$A=\pi dt$ $A_{jy}=\dfrac{1}{4}\pi d^2$

 想一想

　　挤压和压缩是两个完全不同的概念，挤压变形发生在两构件相互接触的表面，而压缩则是发生在一个构件上。

　　在图 6-6 中，哪个物体应考虑抗压强度？哪个物体应考虑抗挤压强度？

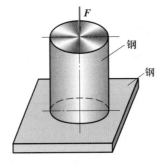

图 6-6　压缩和挤压

一、抗剪和抗挤压强度条件

1. 抗剪强度条件

为保证连接件安全可靠地工作，要求工件切应力不超过材料的许用切应力。由此得出抗剪强度条件为

$$\tau = F_Q/A \leqslant [\tau]$$

式中，$[\tau]$ 为材料的许用切应力，单位为 Pa 或 MPa。$[\tau]$ 可以通过与构件实际受力情况相似的剪切试验得到。常用材料的许用切应力 $[\tau]$ 可从有关手册中查得。

试验表明，金属材料的许用切应力 $[\tau]$ 与许用正应力 $[\sigma]$ 之间有如下关系：塑性材料 $[\tau] = (0.6 \sim 0.8)[\sigma]$，脆性材料 $[\tau] = (0.8 \sim 1.0)[\sigma]$。

2. 抗挤压强度条件

为保证连接件具有足够的抗挤压强度而不被破坏，抗挤压强度条件为

$$\sigma_{jy} = F_{jy}/A_{jy} \leqslant [\sigma_{jy}]$$

式中，$[\sigma_{jy}]$ 为材料的许用挤压应力，单位为 Pa 或 MPa。许用挤压应力 $[\sigma_{jy}]$ 的确定与许用切应力 $[\tau]$ 的确定方法类似，常用材料的许用挤压应力 $[\sigma_{jy}]$ 可从有关手册中查得。

对于金属材料，许用挤压应力和许用正应力之间有如下关系：塑性材料 $[\sigma_{jy}] = (1.7 \sim 2.0)[\sigma]$，脆性材料 $[\sigma_{jy}] = (0.9 \sim 1.5)[\sigma]$。

二、抗剪和抗挤压强度条件的应用

1. 连接件的失效形式

如图 6-7 所示的铆钉连接结构，连接件是短粗杆，受力后铆钉有可能被剪断。在拉力作用下，板和铆钉之间相互挤压，产生很大的接触应力，使铆钉孔变大，铆钉发生变形，从而使铆钉也可能发生挤压变形。由此得到连接件的失效形式主要包括剪断和挤压破坏。

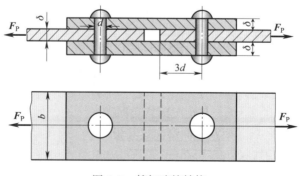

图 6-7　铆钉连接结构

2. 强度条件的应用

应用抗剪强度条件和抗挤压强度条件，可以解决工程中的三类强度问题（见表6-2）。

表 6-2 抗剪、抗挤压强度条件的应用

计算类别	已知条件	计算公式
强度校核	已知杆件材料的许用应力 $[\tau]$、横截面面积 A 以及所受载荷，验算杆件的强度是否足够，即用强度条件判断杆件能否安全工作	$\tau = F_Q/A \leqslant [\tau]$ $\sigma_{jy} = F_{jy}/A_{jy} \leqslant [\sigma_{jy}]$
选择截面尺寸	已知杆件所受载荷和所用材料，确定该杆件所需横截面面积	$A \geqslant F_Q/[\tau]$ $A_{jy} \geqslant F_{jy}/[\sigma_{jy}]$
确定许可载荷	已知杆件尺寸（即横截面面积 A）和材料的许用应力 $[\tau]$，确定该杆件所能承受的载荷	$F_Q \leqslant A[\tau]$ $F_{jy} \leqslant A_{jy}[\sigma_{jy}]$

解题须知：

（1）连接件的失效形式包括剪断和挤压破坏。在进行强度计算时，应同时考虑抗剪强度与抗挤压强度。

（2）在进行三类强度计算前，应先确定计算类别，再根据强度条件进行计算。特别应注意剪切面与挤压面的计算，在确定剪切面时，连接件存在两个剪切面的情形称为双剪切。每个剪切面上的有效载荷仅为原载荷的 1/2。

例 6-1　如图 6-8 所示冲床冲头，$F_{max}=400\,kN$，冲头 $[\sigma]=400\,MPa$，冲剪钢板的抗剪强度极限 $\tau_b=360\,MPa$，试根据强度条件计算冲头的最小直径 d 及钢板厚度最大值 t。

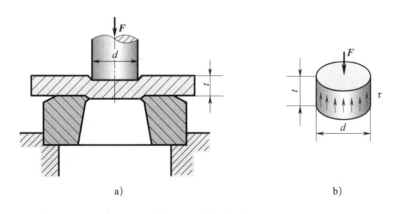

a)　　　　　　　　　　　　　　b)

图 6-8　冲头受力

解：

（1）按冲头压缩强度计算冲头的最小直径 d

用截面法求内力：

$$F_N = F$$

利用强度条件求冲头直径 d：

$$\sigma = \frac{F_N}{A} = \frac{F}{A} = \frac{F}{\dfrac{\pi d^2}{4}} \leqslant [\sigma]$$

解得
$$d \geqslant \sqrt{\frac{4F}{\pi[\sigma]}} \approx 35.69 \text{ mm}$$

（2）按钢板抗剪强度计算钢板厚度最大值 t

用截面法求内力：

$$F_Q = F$$

按抗剪强度条件求钢板厚度 t：

$$\tau = \frac{F_Q}{A} = \frac{F}{\pi d t} > \tau_b$$

解得
$$t < \frac{F}{\pi d \tau_b} \approx 9.83 \text{ mm}$$

提示：在计算钢板厚度时，工作应力一定要大于材料的抗剪强度极限，否则无法冲剪钢板。

三、提高连接件强度的主要措施

提高连接件强度，就是在满足构件既安全又经济的要求下，提高连接件的承载能力。从强度条件 $\tau = F_Q/A \leqslant [\tau]$ 和 $\sigma_{jy} = F_{jy}/A_{jy} \leqslant [\sigma_{jy}]$ 可以看出，连接件的强度与外力、剪切面（挤压面）面积及所用材料有关。在尽可能降低材料消耗的前提下，提高连接件强度的主要措施有以下两种：

1. 增加连接件数量，加大承载面积，提高连接件强度

如图 6-9 所示，在螺栓与木板间增加垫片，加大螺栓与木板间的挤压面面积，从而提高螺栓与木板的强度。又如图 6-10 所示，将连接件数量增加到两个，使每个螺栓的实际受载降为原载荷的 1/2，从而提高连接件的承载能力。

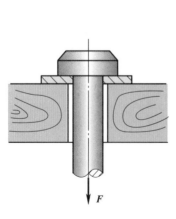

图 6-9　加大挤压面面积

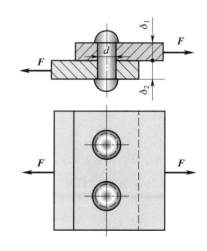

图 6-10　增加连接件数量

2. 通过增加连接件剪切面数量，加大承载面积，提高连接件强度

在图 6-11 的基础上，通过改变连接结构，如图 6-12 所示，使连接件上发生两处剪切变形，两个剪切面承受载荷，每个剪切面上的有效载荷仅为原载荷的 1/2。

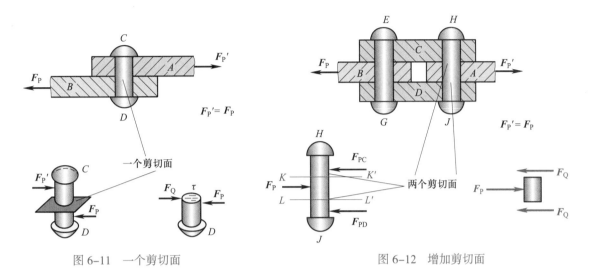

图 6-11 一个剪切面　　　　　　　　图 6-12 增加剪切面

车床传动光杠安全联轴器的承载能力

如图 6-13a 所示，车床的传动光杠装有安全联轴器。当载荷超过额定值时，安全销即被剪断，车床停止转动，从而起到保护车床的作用。已知光杠的直径 $D=20$ mm，安全销的平均直径 $d=5$ mm，材料为 45 钢，其抗剪强度极限应力为 $\tau^\circ =370$ MPa，试确定安全联轴器所能传递的转矩 M。

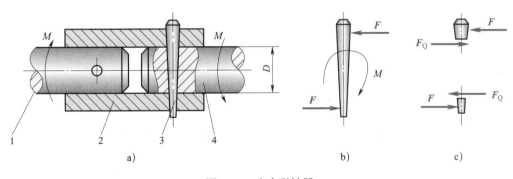

图 6-13 安全联轴器
1—轴　2—套筒　3—安全销　4—光杠

1. 受力分析。取安全销为研究对象，其受力图如图 6-13b 所示。安全销中段受光杠传递给它的转矩 M 作用，上、下两端受套筒给它的力 F 作用。由平衡条件可知：

$$\sum_{i=1}^{n} M_i = 0, \quad FD - M = 0$$

$$F = \frac{M}{D}$$

2. 计算内力。用截面法将上、下两段沿剪切面截出，由图 6-13c 的平衡条件可知，剪切面上的剪力 $F_Q = F$，其相应的切应力为

$$\tau = \frac{F_Q}{A} = \frac{F_Q}{\dfrac{\pi}{4}d^2} = \frac{4F_Q}{\pi d^2} = \frac{4M}{D\pi d^2}$$

3. 强度计算。当切应力大于其剪切断裂时的极限应力 τ° 时，安全销即断裂，所以，要使安全联轴器正常工作，要求：

$$\tau = \frac{4M}{D\pi d^2} \leqslant \tau^\circ$$

解得 $\quad M \leqslant \dfrac{D\pi d^2 \tau^\circ}{4} = \dfrac{20\pi \times 5^2 \times 370}{4}$ N·mm $\approx 145 \times 10^3$ N·mm = 145 N·m

由上述分析可知，安全联轴器所能传递的最大转矩 M 为 145 N·m。

知识拓展

切应变和剪切胡克定律

一、切应变

如图 6-14 所示，构件在大小相等、方向相反、作用线相距很近的二力作用下，在被剪区，ab 截面相对于 cd 截面滑移了 aa' 的距离，原来的矩形 $abdc$ 变为平行四边形 $a'b'dc$。倾斜的角度 γ 称为**切应变**，用弧度（rad）来度量。由于 γ 一般很小，因此 $\gamma \approx \tan\gamma = aa'/ac$。

切应变 γ 和线应变 ε 是度量构件变形程度的两个基本量。

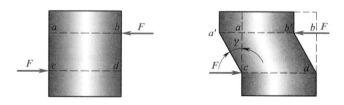

图 6-14　二力作用下的构件

二、剪切胡克定律

实验表明，当切应力不超过材料的许用切应力时，切应力 τ 与切应变 γ 成正比，这一规律称为**剪切胡克定律**。表示如下：

$$\tau = G\gamma$$

式中，比例系数 G 称为**切变模量**，常用材料的切变模量 G 见表 5-2。当切应力 τ 一定时，G 值越大，切应变 γ 就越小。因此，G 是表示材料抵抗剪切变形能力的量，单位与弹性模量 E 的单位相同，其值由试验测定，也可从有关手册中查得。

本 章 小 结

1. 当构件受到等值、反向、作用线不重合但相距很近的二力作用时，构件上的二力之间部分会发生剪切变形。

2. 构件受到剪切作用时的内力称为剪力，剪力的大小可以用截面法求出。设截面上的剪力为 F_Q，剪切面面积为 A，则切应力 $\tau = F_Q/A$。

3. 机械工程中的连接件，往往同时受到剪切和挤压作用。剪切面总是平行于外力，而挤压面是两构件的接触面。若已知挤压力和挤压面面积，则挤压应力 $\sigma_{jy} = F_{jy}/A_{jy}$。

4. 抗剪强度和抗挤压强度条件分别为

$$\tau = F_Q/A \leqslant [\tau], \quad \sigma_{jy} = F_{jy}/A_{jy} \leqslant [\sigma_{jy}]$$

受剪构件除受剪切破坏外，还可能受挤压而破坏，这类构件往往要同时进行两种强度的校核计算。

 思考与练习

应知练习

1. 说出下列概念的区别：（1）剪切面与挤压面。（2）挤压应力与切应力。（3）切应力与正应力。

2. 指出图 6-15 中构件的剪切面和挤压面。

3. 同样粗细的钢柱置于铝柱上，受压力作用如图 6-16 所示。此时需要考虑破坏可能性的是（　　）。

A. 铝柱压缩破坏

B. 铝柱挤压破坏

C. 铝柱压缩破坏和挤压破坏

D. 铝柱压缩破坏和挤压破坏，钢柱挤压破坏

E. 铝柱压缩破坏，钢柱挤压破坏

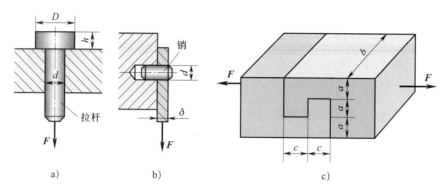

a)   b)   c)

图 6-15　练习 2 图

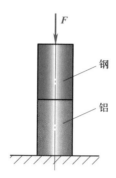

图 6-16　练习 3 图

圆 轴 扭 转

1. 掌握用截面法计算圆轴扭转时的内力——扭矩的方法,并能正确绘制扭矩图。
2. 了解圆轴扭转时横截面上切应力的分布规律。
3. 了解圆轴扭转时强度条件的应用。

§7-1　圆轴扭转的力学模型

在工程中经常会遇到一些承受扭转的构件,以图7-1所示汽车转向轴为例,轴的上端受到经由方向盘传来的力偶作用,下端则受到来自转向器的阻抗力偶作用。再以图7-2所示攻螺纹时丝锥的受力情况为例,通过铰杠把力偶作用于丝锥的上端,丝锥下端则受到工件的阻抗力偶作用。这些实例都是在杆件的两端作用两个大小相等、方向相反,且作用平面垂直于杆件轴线的力偶,致使杆件的任意两个横截面都发生绕轴线的相对转动,这样的变形形式称为扭转变形。

工程实际中还有很多构件,如车床的光杠、搅拌机轴、汽车传动轴等,以及一些轴类零件,如电动机主轴、水轮机主轴、机床传动轴等,都是受扭构件。工程中把以扭转为主要变形的杆件称为轴,其中圆形截面的轴称为圆轴,其受力可简化为图7-3所示。本章主要研究圆轴扭转变形。

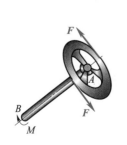

图7-1　汽车转向轴的受力情况

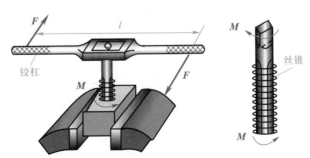

图7-2　攻螺纹时丝锥的受力情况

从受力简图（见图7-3）中可以看出，圆轴扭转的受力特点：圆轴承受作用面与其轴线垂直的力偶作用。其变形特点：圆轴的各横截面绕其轴线发生相对转动，轴线始终保持直线不变。

作用于轴上的外力偶矩，一般可根据已知的外载荷由静力平衡方程确定。然而，工程中的传动轴（见图7-4）往往只给出轴的转速 n 和轴传递的功率 P，需通过下面的公式确定外力偶矩：

$$M = 9\,550\,\frac{P}{n}$$

式中　M——外力偶矩，N·m；

　　　P——轴传递的功率，kW；

　　　n——轴的转速，r/min。

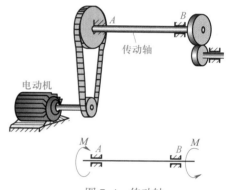

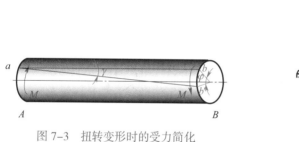

图7-3　扭转变形时的受力简化

图7-4　传动轴

在确定外力偶矩的转向时，应注意主动轮的输入力偶矩为主动力偶矩，其转向与轴的转向相同；从动轮的输出力偶矩为阻力偶矩，其转向与轴的转向相反。

§7-2　圆轴扭转的内力

圆轴在外力偶矩的作用下，其横截面上将有内力产生，应用截面法可以求出横截面上的内力。

以图7-5所示圆轴扭转的力学模型为例，假想用一截面将轴截分为两段，取其左段为研究对象，由于轴原来处于平衡状态，则其左段也必然是平衡的，截面上必有一个内力偶矩与左端面上的外力偶矩平衡。由平面力偶系平衡方程可得：

$$M_T - M = 0$$

$$M_T = M$$

式中，M_T 为截面的内力偶矩，称为扭矩。

同理，也可以取截面右段为研究对象，此时求得的扭矩与取左段为研究对象时所求得的扭矩大小相等、转向相反。它们是作用与反作用的关系。

为了使不论取左段或右段求得的扭矩的大小、符号都一致，对扭矩的正负号规定如下：按右手螺旋定则（见图 7-6），四指顺着扭矩的转向握住轴线，拇指的指向离开截面时（与横截面的外法线方向一致），扭矩为正；反之，拇指指向截面时（与横截面的外法线方向相反），扭矩为负。

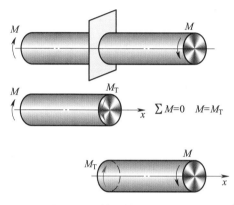
图 7-5　圆轴扭转的力学模型

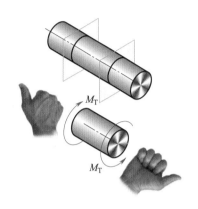
图 7-6　右手螺旋定则

解题须知：

（1）当圆轴上有多个外力偶作用时，应在相邻两个外力偶之间选取截面来求解其内力。

（2）当横截面上的扭矩的实际转向未知时，一般先假设扭矩为正。若求得结果为正，则表示扭矩实际转向与假设方向相同；若求得结果为负，则表示扭矩实际转向与假设方向相反。

例 7-1　传动轴如图 7-7a 所示，主动轮 A 的输入功率 P_A=50 kW，从动轮 B、C 的输出功率分别为 P_B=30 kW，P_C=20 kW，轴的转速 n=300 r/min，试求轴上截面 1—1 和 2—2 处的内力。

解：

（1）按外力偶矩公式计算出各轮上的外力偶矩

$$M_A = 9\,550\,\frac{P_A}{n} = 9\,550 \times \frac{50}{300}\,\text{N}\cdot\text{m} \approx 1\,592\,\text{N}\cdot\text{m}$$

$$M_B = 9\,550\,\frac{P_B}{n} = 9\,550 \times \frac{30}{300}\,\text{N}\cdot\text{m} = 955\,\text{N}\cdot\text{m}$$

$$M_C = 9\,550\,\frac{P_C}{n} = 9\,550 \times \frac{20}{300}\,\text{N}\cdot\text{m} \approx 637\,\text{N}\cdot\text{m}$$

从动力偶矩 M_B 和 M_C 的方向与轴的转向相反。

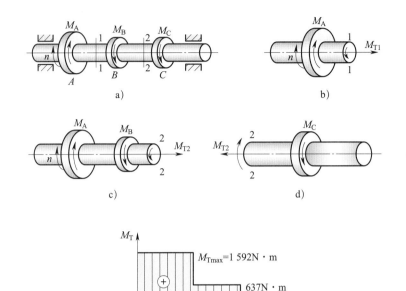

图 7-7　传动轴及其受力分析

（2）计算各段轴的扭矩

设主动轮 A 和从动轮 B 之间的截面 1—1 上的扭矩 M_{T1} 为正（见图 7-7b），则根据平面力偶系的平衡条件有：

$$M_{T1}-M_A=0$$

得：
$$M_{T1}=M_A=1\ 592\ \text{N}\cdot\text{m}$$

同理，设从动轮 B 和从动轮 C 之间的截面 2—2 上的扭矩 M_{T2} 为正（见图 7-7c），则根据平面力偶系的平衡条件有：

$$M_{T2}+M_B-M_A=0$$

得：
$$M_{T2}=M_A-M_B=637\ \text{N}\cdot\text{m}$$

如果取截面 2—2 的右边部分为研究对象（见图 7-7d），设截面上的扭矩 M_{T2} 为正，也可求得 $M_{T2}=M_C=637\ \text{N}\cdot\text{m}$。

通过上例可总结出求扭矩的简便法则：轴上任意横截面的扭矩等于该截面一侧（左侧或右侧）轴段上所有外力偶矩的代数和。左侧轴段上箭头向上（或右侧轴段上箭头向下），外力偶产生正值扭矩；反之为负。此时须以外力偶矩所在的截面将轴分成数段，逐段求出其扭矩。

应用上述方法直接求某截面上的扭矩非常方便。现仍以图 7-7a 为例，将各截面的扭矩计算如下：

$$M_{T1}=M_A=1\ 592\ \text{N}\cdot\text{m}$$

$$M_{T2}=M_A-M_B=637\ \text{N}\cdot\text{m}$$

§7-3 圆轴扭转时的应力及强度条件

一、圆轴扭转时的应力

1. 扭转变形的几何关系

如图 7-8a 所示，取一左端固定的易变形的圆形截面直杆，在此圆轴的表面各画两条相互平行的圆周线和纵向线。在轴的右端施加一个力偶矩 M，使其产生扭转变形。当扭转变形很小时，可观察到如图 7-8b 所示的现象。

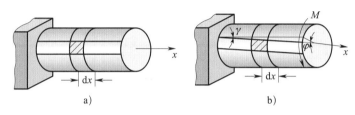

图 7-8　扭转变形的力学模型

（1）圆周线的形状和大小不变，相邻两圆周线的间距保持不变，仅绕轴线做相对转动。

（2）各纵向线仍为直线，且都倾斜同一角度 γ，使原来的矩形变成平行四边形。

由此可以得出：

（1）扭转变形时，由于圆轴相邻横截面间的距离不变，即圆轴没有纵向变形发生，因此，横截面上没有正应力。

（2）扭转变形时，各纵向线同时倾斜了相同的角度；各横截面绕轴线转动了不同的角度，相邻截面产生了相对转动并相互错动，发生了剪切变形，所以横截面上有切应力。

（3）因半径长度不变，故切应力方向必与半径垂直。其分布规律如图 7-9 所示。

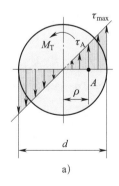
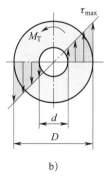

图 7-9　横截面上切应力的分布规律

a）实心圆轴　b）空心圆轴

2. 扭转应力——切应力

根据静力平衡条件，推导出截面上任意点的切应力计算公式：

$$\tau_\rho = M_T \rho / I_\rho$$

式中　τ_ρ——横截面上任意点的切应力，MPa；

　　　M_T——横截面上的扭矩，N·mm；

　　　ρ——所求应力的点到圆心的距离，mm；

　　　I_ρ——截面对圆心的极惯性矩，mm^4。

圆轴扭转时，横截面边缘上各点的切应力最大，其值为：

$$\tau_{max} = \frac{M_T}{W_n}$$

式中　W_n——抗扭截面系数，mm^3。

该式只适用于圆截面轴，而且横截面上的最大切应力不得超过材料的许用切应力。

极惯性矩 I_ρ 与抗扭截面系数 W_n 表示了截面的几何性质，其大小与截面的形状和尺寸有关，见表 7–1。

表 7–1　　　　　　　　　　　　　极惯性矩 I_ρ 与抗扭截面系数 W_n

轴的类型	极惯性矩 I_ρ/mm^4	抗扭截面系数 W_n/mm^3
实心圆轴	$I_\rho = \dfrac{\pi d^4}{32} \approx 0.1d^4$ （d 为直径）	$W_n = \dfrac{I_\rho}{r} = \dfrac{\pi d^4}{32} / \dfrac{d}{2} = \dfrac{\pi d^3}{16} \approx 0.2d^3$ （d 为直径）
空心圆轴	$I_\rho = \dfrac{\pi D^4}{32} - \dfrac{\pi d^4}{32} = \dfrac{\pi D^4}{32}(1-\alpha^4)$ $\approx 0.1D^4(1-\alpha^4)$ （D 为外径，d 为内径，$\alpha = d/D$）	$W_n = \dfrac{I_\rho}{R} = \dfrac{\pi D^3}{16}(1-\alpha^4)$ $\approx 0.2D^3(1-\alpha^4)$ （D 为外径，d 为内径，$\alpha = d/D$）

二、圆轴扭转时的强度条件

1. 圆轴抗扭强度条件

等截面圆轴最大扭转切应力发生在最大扭矩 M_{Tmax} 所在截面的外周边各点处。这些点是圆轴抗扭强度计算的危险点。为了使圆轴能正常工作，必须使最大工作切应力不超过材料的许用切应力，即圆轴抗扭强度条件为：

$$\tau_{max} = \frac{M_{Tmax}}{W_n} \leqslant [\tau]$$

2. 强度条件的应用

根据圆轴扭转的强度条件，同样可以解决工程中的三类强度问题，见表 7–2。

表 7–2 圆轴抗扭强度条件的应用

计算类别	已知条件	强度计算公式
校核强度	在材料的许用切应力 $[\tau]$、圆轴的抗扭截面系数 W_n 以及所受的载荷都已知的条件下，验算圆轴的强度是否足够，即判断圆轴能否安全工作	$\tau_{max} = \dfrac{M_{Tmax}}{W_n} \leqslant [\tau]$
选择截面尺寸	已知圆轴所受载荷和所用材料，确定该轴所需横截面直径	$W_n \geqslant M_{Tmax}/[\tau]$
确定许可载荷	已知圆轴截面尺寸（即抗扭截面系数 W_n）和材料的许用切应力 $[\tau]$，确定该圆轴所能承受的载荷	$M_{Tmax} \leqslant W_n[\tau]$

解题须知：

（1）计算三类强度问题时，仍应遵循解题步骤：首先根据已知条件进行外力偶矩的计算，然后运用截面法求内力，最后应用强度条件进行相关计算。

（2）对等截面圆轴的抗扭强度条件应用，应计算最大扭矩所在截面的周边各点处的应力。对于台阶轴来说，由于各段抗扭截面系数 W_n 不同，需综合考虑 W_n 和 M_T 两个因素。

（3）注意区分空心圆轴与实心圆轴的抗扭截面系数 W_n 的不同计算公式。

工程应用

牙嵌离合器

牙嵌离合器由两个端面上有牙的半离合器组成。其中一个半离合器固定在主动轴上，另一个半离合器用导键（或花键）与从动轴连接，并可由操纵机构使其做轴向移动，以实现离合器的分离与接合。实心圆轴与空心圆轴通过牙嵌离合器相连，并传递功率，如图 7–10 所示。

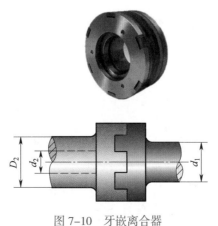

图 7–10 牙嵌离合器

已知轴的转速 $n=100$ r/min，传递的功率 $P=7.5$ kW。若要求两者横截面上的最大切应力均等于 40 MPa，且已知空心圆轴的内、外径之比 $\alpha=0.5$，试确定实心圆轴的直径和空心圆轴的外径。

解：

（1）外力偶矩及内力计算

由于两者的转速和所传递的功率均相等，故两者承受相同的外扭转力偶矩，横截面上的扭矩因此也相等。根据 $M=9\,550\dfrac{P}{n}$，求得：

$$M_T=M=9\,550\times\frac{7.5}{100}\text{ N}\cdot\text{m}=716.25\text{ N}\cdot\text{m}$$

（2）由强度条件计算截面面积

设实心轴的直径为 d_1，空心轴的内、外径分别为 d_2 和 D_2。对于实心轴，根据 $\tau_{max}=\dfrac{M_T}{W_{n1}}\approx\dfrac{M_T}{0.2d_1^3}$，求得：

$$d_1\approx\sqrt[3]{\frac{M_T}{0.2\tau_{max}}}=\sqrt[3]{\frac{716.25}{0.2\times40\times10^6}}\text{ m}\approx0.044\,74\text{ m}=44.74\text{ mm}$$

对于空心轴，根据 $\tau_{max}=\dfrac{M_T}{W_{n2}}\approx\dfrac{M_T}{0.2D_2^3\,(1-\alpha^4)}$，求得：

$$D_2\approx\sqrt[3]{\frac{M_T}{0.2\times(1-\alpha^4)\tau_{max}}}=\sqrt[3]{\frac{716.25}{0.2\times(1-0.5^4)\times40\times10^6}}\text{ m}\approx0.045\,71\text{ m}=45.71\text{ mm}$$

$$d_2=0.5D_2=22.855\text{ mm}$$

两者的横截面面积之比为：

$$\frac{A_1}{A_2}=\frac{d_1^2}{D_2^2(1-\alpha^2)}\approx\left(\frac{44.74\times10^{-3}}{45.71\times10^{-3}}\right)^2\times\frac{1}{1-0.5^2}\approx1.28$$

可见，若轴的长度相同，在载荷相同、材料相同（最大切应力相同）的情形下，空心轴所需的截面面积要比实心轴小很多，因而可减轻轴的自重和节省材料。实验表明，当两轴载荷相同、用料相同（即横截面面积相同），因空心轴的材料离轴心较远，其 I_ρ 和 W_n 值比同面积的实心轴大，故有较强的抗扭能力，其边缘处的应力也比实心轴的要小，因而有较大的承载能力。

由横截面切应力的分布规律（见图 7-9）可知，横截面上的切应力是沿半径呈线性分布的，当实心轴横截面边缘处的切应力达到许可值时，轴心附近的应力还很小，这部分材料没有充分发挥作用。若把轴心附近的材料移至外边缘，成为空心轴，这部分材料到轴心的距离将增大，它们所承担的扭矩也随之增大，必然能提高轴的强度。

因此，从强度和刚度的观点看，空心轴比实心轴更为合理，所以，在机械中得到广泛的应用。例如，飞机、轮船、汽车等一些大尺寸的轴常采用空心轴，以减小质量。

当然，空心轴的壁厚也不能过薄，否则，受扭时会丧失稳定。一般取 $\alpha=0.5\sim0.8$，在具体设计中，采用空心轴或实心轴，不仅要考虑强度和刚度的要求，还应综合考虑结构需要、加工成本等因素，以合理确定轴的形状和尺寸。

三、提高圆轴抗扭强度的主要措施

想一想

观察图 7-11 所示搅拌机，它可满足多种应用需要，例如，悬浮、溶解、沉淀、结晶、扩散、乳化、混合、絮凝等。因此，其在水处理领域得到广泛应用。该搅拌机的搅拌轴主要产生扭转变形，在满足使用要求的条件下，如何提高搅拌轴的强度呢？

图 7-11　搅拌机

由等截面圆轴的抗扭强度设计准则可以看出，为了提高圆轴的强度，应降低 τ_{max}。降低 τ_{max} 的途径有两种：第一，在载荷不变的前提下，合理安排轮系位置，从而降低圆轴上的最大扭矩 M_{Tmax}；第二，在力求不增加材料（用横截面面积 A 来度量）的条件下，选用空心圆截面代替实心圆截面，从而增大抗扭截面系数 W_n 和极惯性矩 I_ρ。

1. 合理安排轮系位置

在图 7-7 所示传动轮系中，齿轮工作时齿轮轴上传递的最大扭矩 $M_{Tmax}=1\,592\,\text{N·m}$，若将两轮 A、B 的安装位置调换（见图 7-12），则此轴所传递的最大扭矩 $|M_{Tmax}|=955\,\text{N·m}$。

由此可见，在不影响轮系结构功能的情况下，齿轮合理的安装位置应使轴产生的最大扭矩值最小。这样可以极大地提高圆轴的扭转承载能力。

2. 选用空心轴

在等强度、等截面的条件下，选用空心轴既可以节省材料，又能减轻自重。而且，从截面的几何性质来看，空心轴的抗扭截面系数 W_n 和极惯性矩 I_ρ 都比较大，故不论是对于轴的强度还是刚度来说，采用空心轴都比采用实心轴合理。因此，在工程上，较大尺寸的转动轴常设计成空心轴。

扭 矩 图

为了显示整个轴上各截面扭矩的变化规律，以便分析最大扭矩（M_{Tmax}）所在截面的位置，常用横坐标表示轴的各截面位置，纵坐标表示相应横截面上的扭矩大小。扭矩为正时，曲线画在横坐标上方；扭矩为负时，曲线画在横坐标下方，从而得到扭矩随截面位置而变化的图线，称为扭矩图。图7-7e为图7-7a所示轴的扭矩图。可以看出，轴上AB段各截面的扭矩最大，$M_{Tmax}=1\ 592\ \text{N} \cdot \text{m}$。

如果在设计时把主动轮A安装在从动轮B和C之间，如图7-12a所示，用截面法可求得：

$$M_{T1}=-M_B=-955\ \text{N} \cdot \text{m}$$

$$M_{T2}=M_C=637\ \text{N} \cdot \text{m}$$

这时的扭矩图如图7-12b所示，最大扭矩$|M_{Tmax}|=955\ \text{N} \cdot \text{m}$。由此可见，传动轴上主动轮与从动轮位置不同，轴的最大扭矩数值也不同。显然，从强度观点看后者较为合理。

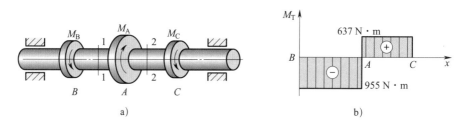

图7-12　更改主动轮A位置后的传动轴及其扭矩图

本 章 小 结

1. 圆轴扭转横截面上任意点的切应力与该点到圆心的距离成正比，在圆心处为零。最大切应力发生在截面的外周边各点处，其计算公式如下：

$$\tau_\rho = \frac{M_T \rho}{I_\rho}, \quad \tau_{max} = \frac{M_T}{W_n}$$

2. 圆轴扭转的强度条件为：

$$\tau_{max} = \frac{M_{Tmax}}{W_n} \leqslant [\tau]$$

利用它可以解决校核强度、选择截面尺寸和确定许可载荷三类强度计算问题。

思考与练习

应知练习

1．圆轴扭转时，同一截面上各点的切应力大小（　　　），同一圆周上的切应力大小（　　　）。

A．完全相同　　　　　　　B．完全不同　　　　　　C．部分相同

2．研究圆轴扭转时，所做的平面假设是什么？横截面上产生什么应力？如何分布？

3．在大小相同的外力偶矩的作用下，两根直径、长度相同而材料不同的圆轴，最大切应力是否相等？强度是否一样？

4．试分析图7-13所示圆截面扭转时的切应力分布，哪些是正确的？哪些是错误的？

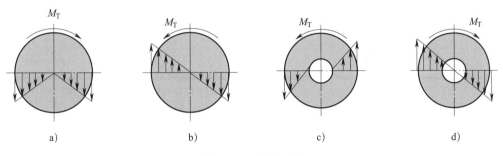

图7-13　练习4图

工程应用

5．驱动机床的电动机功率不变，当机床转速较高时，产生的转矩是较大还是较小？当机床转速较低时，产生的转矩又是怎样的呢？

6．在减速箱中，高速轴的直径大还是低速轴的直径大？为什么？

7．如图7-14所示，转速 n=1 500 r/min 的传动轴，主动轮输入功率 P_1=50 kW，从动轮输出功率 P_2=30 kW，P_3=20 kW。

（1）试求轴上各段的扭矩，并绘制扭矩图。

（2）从强度观点看，三个轮子如何布置比较合理？

8．如图7-15所示，直径 d=50 mm 的等截面圆轴，由功率 P=20 kW 的电动机带动，轴的转速 n=180 r/min，齿轮 B、D、E 的输出功率分别为 P_B=3 kW，P_D=10 kW，P_E=7 kW，轴的许用切应力 $[\tau]$=38 MPa，试校核该轴的强度。

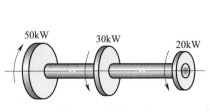

图7-14　练习7图

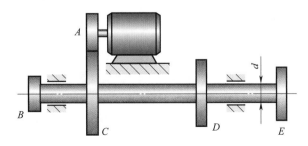

图7-15　练习8图

9. 如图 7-16 所示传动轴，已知所受扭矩 M=300 N·m，轴的许用切应力 $[\tau]$=38 MPa，试校核该轴的强度。

10. 如图 7-17 所示，电风扇的转速 n=600 r/min，由功率 P=0.8 kW 的电动机带动，风扇轴的许用切应力 $[\tau]$=40 MPa，试按照轴的强度条件设计轴的直径。

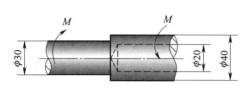

图 7-16　练习 9 图

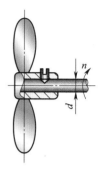

图 7-17　练习 10 图

第8章

直梁弯曲

学习目标

1. 了解平面弯曲的受力与变形特点。
2. 熟练掌握直梁弯曲时计算内力的方法，并能正确确定其正负号。
3. 掌握纯弯曲时直梁横截面上的正应力分布规律，以及最大正应力计算公式的应用。
4. 掌握弯曲正应力的强度条件及其应用。
5. 了解提高直梁抗弯强度的主要措施。

§8-1 平面弯曲的力学模型

一、平面弯曲

工程中有这样一类受力杆件，如桥式吊车的主梁（见图8-1a）、火车轮轴（见图8-1b）、管线托架（见图8-1c）等，其所有横向外力均作用在包含杆件轴线的纵向平面内。变形时，杆件的轴线由直线变为曲线，杆件的这种变形形式称为**弯曲**。

发生弯曲变形或以弯曲变形为主的杆件通称为**梁**。梁是日常生活和工程结构中最常见的构件。

工程中常用的梁，其横截面通常至少具有一条对称轴，如图8-2所示，且梁上所有横向外力均作用在梁轴线与横截面对称轴组成的纵向对称平面内，如图8-3a所示。变形后，梁的轴线将成为该纵向对称平面内的一条平面曲线，如图8-3b所示。可见，直杆受到垂直于轴线的外力或在杆轴线平面内的力偶作用时，其轴线将由直线变成曲线，这样的变形形式称为**弯曲变形**。上述弯曲变形称为平面弯曲。材料力学主要讨论平面弯曲问题。

平面弯曲变形的受力特点：外力垂直于杆件的轴线，且外力和力偶都作用在梁的纵向对称面内。

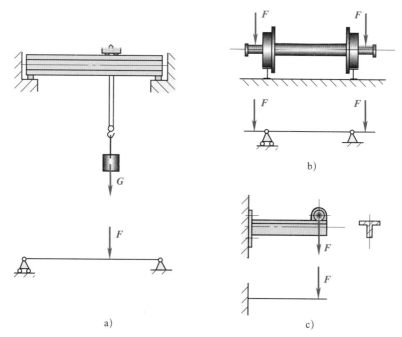

图 8-1 弯曲变形的工程实例

a）桥式吊车的主梁　b）火车轮轴　c）管线托架

图 8-2 工程常用梁的横截面

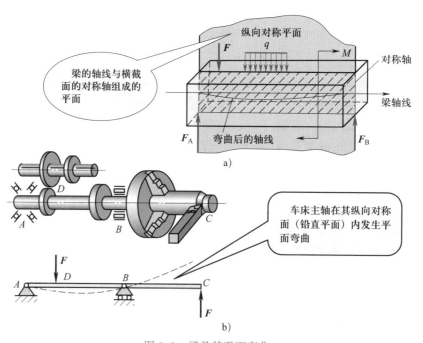

图 8-3 梁及其平面弯曲

平面弯曲变形的变形特点：梁的轴线由直线变成了在外力作用面内的一条曲线。

发生平面弯曲变形的构件特征：具有一个及以上对称面的等截面直梁。

二、梁的力学模型

如图 8-1 所示工程实例，其结构形式、支撑情况和载荷作用方式各不相同。为便于讨论，有必要将实际情况进行适当简化，得到梁的计算简图。简化的前提是能够反映实际结构的本质特征，并且据此计算出的结果能够满足工程中的精度要求。在图 8-1 中各实际结构图的下方，绘出了相应的计算简图。

1. 梁的结构形式

工程中梁的轴线多为直线。无论截面形状如何，在计算简图中的梁，一般均用与梁轴线重合的一段直线表示，如图 8-1a、b、c 的下方及图 8-3b 所示。

2. 载荷的基本类型

作用在梁上的实际载荷，通常可简化为三种基本类型：集中力、集中力偶和分布载荷（分布力），见表 8-1。

表 8-1   载荷的基本类型

类型	图示	说明
集中力	F_1	作用在梁的很小区域上的横向力，例如图 8-1 中重物经滑轮与小车作用在吊车主梁上的力、火车车厢通过轴承作用在轮轴上的力，以及管线作用在托架上的力等，都可简化为集中力。集中力通常用 F 表示，常用单位是 N 或 kN
集中力偶	F_x, a a) $M=F_x a$, F_x b)	工程中的某些梁，通过与梁连接的构件，承受与梁轴线平行的外力作用，如左图 a 所示。在对梁进行受力分析时，可将该力 F_x 向梁轴线简化，得到一轴向外力 F_x 和一作用在梁的载荷平面内的外力偶矩 M，如左图 b 所示。该外力偶矩只作用在承力构件与梁连接处的很小区域上，称为集中力偶。集中力偶的常用单位是 N·m 或 kN·m
分布载荷（分布力）	$q(x)$ a) q b)	连续作用在梁的一段或整个长度上的横向力可简化为分布载荷（分布力），如左图 a 所示。建筑结构承受的风压、水压以及梁的自重等是常见的分布载荷。分布载荷的大小用载荷集度 q 衡量，常用单位是 N/mm 或 kN/m。q 为常数的分布载荷称为均布载荷（均布力），如左图 b 所示

若载荷大小已知，以上三种梁的约束反力均可用静力学平衡方程求出。本教材对分布力（任意分布载荷）情况不做探讨。

3. 梁的支座

对梁的支撑情况，要通过分析，确定在载荷作用平面内支座对梁的约束类型，以及相应的约束反力数目。一般情况下，可将梁的支撑简化为以下三种典型支座之一。

（1）活动铰链支座

图8-4a所示是活动铰链支座的简化形式。该支座限制梁在载荷平面内沿垂直于支撑面方向的移动。它有一个约束，相应只有一个约束反力，即垂直于支撑面的约束反力 F_y。桥梁的滚轴支撑、传动轴的径向滚动轴承等，一般都可以简化为活动铰链支座。

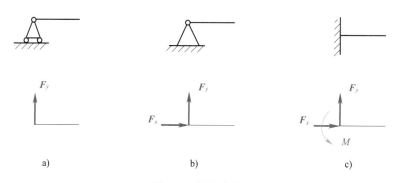

图 8-4　梁的支座
a）活动铰链支座　b）固定铰链支座　c）固定端支座

（2）固定铰链支座

图8-4b所示是固定铰链支座的简化形式。它提供有两个约束反力，即沿支撑面的约束反力 F_x 和垂直于支撑面的约束反力 F_y。传动轴的止推轴承一般可简化为固定铰链支座。

如图8-1a、b所示通过车轮放置在轨道上的吊车主梁和火车轮轴，因车轮凸缘可限制梁的轴向移动，且同一时刻只有一条钢轨与凸缘接触，故其中一条钢轨可简化为固定铰链支座，而另一条钢轨则视为活动铰链支座。

（3）固定端支座

图8-4c所示是固定端支座的简化形式。它提供有三个约束反力，即沿支撑面的约束反力 F_y、垂直于支撑面的约束反力 F_x 和约束反力偶矩 M。管线托架的固定端、车刀在车床刀架上的压紧端、镗刀杆在镗床中的夹紧端等，一般都可简化为固定端支座。

4. 静定梁的力学模型

在平面弯曲问题中，梁的所有外力均作用在同一平面内。平面力系共有三个有效平衡方程。如果梁的约束反力数目也是三个，则全部约束反力可由平衡方程确定，这样的梁称为**静定梁**。

工程中常见的静定梁的力学模型见表8-2。

名称	结构特点	力学模型
简支梁	一端为活动铰链支座，另一端为固定铰链支座的梁	
外伸梁	一端或两端伸出支座之外的简支梁，并在外伸端有载荷作用	
悬臂梁	一端为固定端，另一端为自由端的梁	

§8-2   弯曲内力——剪力和弯矩

一、剪力和弯矩

梁在外力作用下任意横截面上的内力仍然用截面法来分析。以图 8-5a 所示的简支梁为例，梁受到集中力 F 及支座反力 F_A、F_B 的作用而平衡，梁在此三力作用下产生平面弯曲变形，现求任意截面 1—1 上的内力。

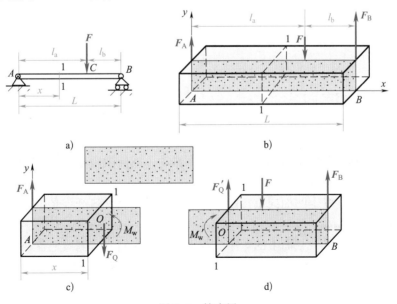

图 8-5   简支梁

1. 计算支座反力

画受力图，如图 8-5b 所示，根据静力平衡条件列方程。

由 $\sum_{i=1}^{n} M_A (\boldsymbol{F}_i) = 0$，得：$\qquad F_B L - F l_a = 0$

$$F_B = F l_a / L$$

由 $\sum_{i=1}^{n} F_{iy} = 0$，得：$\qquad F_A + F_B - F = 0$

$$F_A = F - F l_a / L = F l_b / L$$

2. 用截面法求内力

假想沿截面 1—1 将梁切开，分成左、右两段。现取左段为研究对象（见图 8-5c），由静力平衡分析可知：

左段的外力 F_A 有使左段梁向上移动的趋势，为了保持左段梁的平衡，横截面上的分布内力系可以简化为一个与横截面相切的内力 $\boldsymbol{F}_Q$ 和一个作用在梁的纵向对称平面内的内力偶矩 M_w。$\boldsymbol{F}_Q$ 是与横截面相切的分布内力系的合力，称为剪力。M_w 是与横截面垂直的分布内力系的合力偶矩，称为弯矩。

由 $\sum_{i=1}^{n} F_{iy} = 0$，得：$\qquad F_A - F_Q = 0$

$$F_Q = F l_b / L$$

由 $\sum_{i=1}^{n} M_O (\boldsymbol{F}_i) = 0$，得：$\qquad -F_A x + M_w = 0$

$$M_w = (F l_b / L) x$$

显然，如果取截面右侧梁段（见图 8-5d）为研究对象，剪力 F_Q' 与弯矩 M_w' 也会得到同样的结果。它们与前者互为反作用，在受力图中表示出相反的方向。和轴向拉伸或压缩时杆件的轴力以及扭转时轴的扭矩一样，无论从左段或是从右段求得同一截面的内力，应该具有相同的正负符号。

由以上讨论可知，梁弯曲时横截面上的内力一般包括剪力 $\boldsymbol{F}_Q$ 和弯矩 M_w 两个分量。剪力和弯矩都影响到梁的强度，但是如果进一步分析可以发现，对于跨度较大的梁，剪力对梁的强度影响远小于弯矩对梁的强度影响。因此，当梁的长度大于横截面尺寸 5 倍以上时，可将剪力略去不计。

二、内力的正负规定

为了使同一截面取左段或取右段计算出来的内力正负号一致，对剪力与弯矩的正负号作如下规定：

剪力——使微段梁两横截面间发生左上右下错动（或使微段梁发生顺时针转动）的剪力为正，反之为负，如图 8-6a 所示。

弯矩——使微段梁发生凹面向上弯曲（或使微段梁上侧材料纤维受压）的弯矩为正，反之为负，如图 8-6b 所示。

弯矩的计算规律：某一截面上的弯矩，等于该截面左侧或右侧梁上各外力对截面形心的力矩的代数和。这一规律可归纳为一个简单的口诀——左顺右逆，弯矩为正。

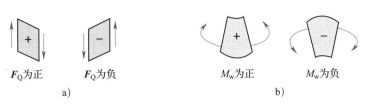

图 8-6　弯曲内力的正负规定

a）剪力的正负规定　b）弯矩的正负规定

三、弯矩图

通过计算图 8-5 中梁的内力，可以看到梁在不同位置横截面上的内力值一般是不同的，即梁的内力随梁横截面位置的变化而变化。在进行梁的强度计算时，除要会计算指定截面的内力外，还必须知道它沿梁轴线的变化规律。

以坐标 x 表示横截面在梁轴线上的位置，则梁的各横截面上的弯矩可以表示为坐标 x 的函数，即 $M_w = M_w(x)$，此函数表达式称为弯矩方程。

为直观、清楚地看出梁各个截面上的弯矩大小和正负，以平行于梁轴线的横坐标 x 表示横截面的位置，以垂直于梁轴线的纵坐标表示相应截面上的弯矩，按选定的比例尺绘制 $M_w = M_w(x)$ 函数的图形，称为弯矩图。

下面举例说明建立弯矩方程和绘制弯矩图的方法。

解题须知：

作弯矩图的步骤：

（1）计算梁的支座约束反力。

（2）用截面法求内力

1）截开。在相邻的外力作用点之间取截面，将梁切成左右两部分，取其中一部分为研究对象，画其受力图。

2）代替。用截面上的内力来代替去除部分对研究对象的作用，对于截面上未知的弯矩一般假设为正。

3）平衡。通过建立弯矩方程计算各控制点（集中力或集中力偶作用处）的弯矩值。计算结果为正值，说明弯矩的实际方向与假设方向一致，为正弯矩；反之，为负弯矩。

（3）画弯矩图

取横坐标 x 平行于梁的轴线，表示梁的截面位置；纵坐标 M_w 表示各截面的弯矩，将各控制点画在坐标平面上，连接各点得到弯矩图。

作图时按习惯将正值弯矩画在 x 轴的上方，负值弯矩画在 x 轴的下方，并在弯矩图上标注出各控制点的弯矩值。因弯矩图坐标比较明确，习惯上可将坐标轴略去。

例 8-1　机床手柄 AB 用螺纹连接于转盘上（见图 8-7a），其长度为 L，自由端受力 F 的作用，求手柄中点 D 的弯矩，并求最大弯矩。

分析：

机床手柄的力学模型可以简化为悬臂梁，B 点为固定端约束。

解：

（1）确定研究对象

取机床手柄 AB 为研究对象，其力学模型和受力图如图 8-7b 所示。

（2）计算支座约束反力

由静力学平衡方程可求出 B 点的约束反力为：

$$F_B=F（方向向上）$$

$$M_B=-FL（顺时针方向）$$

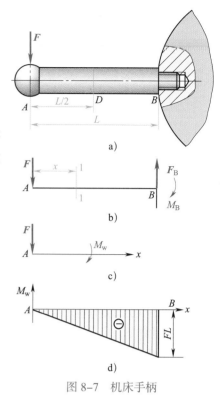

（3）列弯矩方程计算

在距 A 端为 x 处取截面 1—1，取截面左半部分为研究对象。设截面上的弯矩 M_w 方向如图 8-7c 所示，取截面形心为矩心，由平衡方程 $\sum\limits_{i=1}^{n} M_C(F_i)=0$，得：

$$M_w+F \cdot x=0$$

$$M_w=-F \cdot x（0 \leqslant x \leqslant L）$$

负号说明弯矩的实际方向与图示方向相反，M_w 为负弯矩。

（4）计算控制点的弯矩

$x=0$（A 点弯矩）：$M_{wA}=0$

$x=L/2$（D 点弯矩）：$M_{wD}=-FL/2$

$x=L$（B 点弯矩）：$M_{wB}=-FL$

（5）绘制弯矩图

由弯矩方程知 M_w 为 x 的一次函数，是一条斜直线，

图 8-7　机床手柄

故将 A、B 处截面上的 M_w 值的端点以直线相连接，按一定比例绘制，即得梁的弯矩图，如图 8-7d 所示。

从弯矩图上可以找出弯矩的最大值及其所在位置。在梁的横截面不变的情况下，梁上弯矩最大的截面称为**危险截面**。由图 8-7d 可以看出，该悬臂梁的危险截面在梁的固定端，$|M_{wmax}|=FL$。

例 8-2　如图 8-8a 所示为火车轮轴，已知左右外伸端承受车厢的载荷 F，试作火车轮轴的弯矩图。

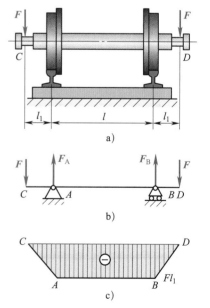

分析：

火车轮轴的力学模型为外伸梁，可利用力矩平衡条件求解支座 A、B 两点的约束反力。

解：

（1）计算梁的支座约束反力

取整个梁为研究对象，画受力图（见图 8-8b），由平衡方程求支座反力。

由 $\sum\limits_{i=1}^{n} M_A(F_i)=0$，得：$Fl_1+F_Bl+F(l+l_1)=0$

由 $\sum\limits_{i=1}^{n} F_{iy}=0$，得：$\qquad F_A+F_B-2F=0$

解得：$\qquad\qquad\qquad F_A=F_B=F$

（2）计算控制点的弯矩

由例 8-1 可知，当梁上载荷为集中力时，弯矩图为

图 8-8　火车轮轴

直线。本题以集中力作用点为分界点，将梁分为 CA、AB、BD 三段，分界处四个截面（C、A、B、D）的弯矩如下：

C 截面：$x=0$，$M_{wC}=0$

A 截面：$x=l_1$，$M_{wA}=-Fl_1$

B 截面：$x=l_1+l$，$M_{wB}=-F（l+l_1）+F_Al=-Fl_1$

D 截面：$x=2l_1+l$，$M_{wD}=0$

（3）绘制弯矩图

按比例描出 C、A、B、D 点的位置，并将这些点连成折线，即为火车轮轴的弯矩图（见图 8-8c）。

工程应用

管钳的应用分析

在拧紧或拆卸管状零件时，常常要使用如图 8-9 所示的管钳给管件施加转矩。当拆卸连接牢固的管子时，常在管钳柄部加装套管，以增大转矩。那么，在这种情况下，钳牙是否会损坏？

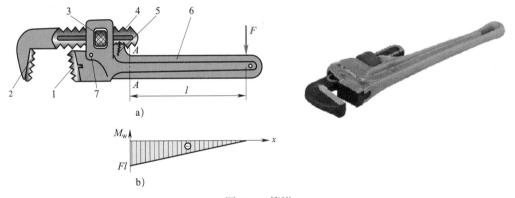

图 8-9 管钳

1—固定牙 2—可动牙 3—圆螺母 4—齿条 5—弹簧 6—钳柄 7—销轴

由于钳牙是用优质材料制造并经过热处理的，所以一般情况下是不容易损坏的。管钳工作时，在钳柄端部有作用力 F，钳柄产生弯曲变形，其弯矩图如图 8-9b 所示。由弯矩图可知，钳柄根部截面 $A—A$ 处弯矩值最大，该处最容易发生弯曲损坏。而钳柄的材料多为 45 钢，一般情况下也不容易产生柄部弯曲。但若钳柄 l 部分加上套管，长度超过 l 的三倍时，则截面 $A—A$ 处的弯矩和钳柄根部的应力也将超过原来的三倍，这时就有可能因施力过猛而导致截面 $A—A$ 处出现弯曲损坏。

另外应该指出的是，采用加套管来增大转矩的方法仅是权宜之计。正确的方法是在接头处加煤油，如再卸不下来，则应切断。

§8-3 梁的抗弯强度条件及应用

一、弯曲正应力

梁在弯曲时横截面上一般同时有剪力和弯矩，剪力会引起切应力，弯矩会引起正应力。实践和理论都证明，弯矩是影响梁的强度和变形的主要因素。本教材仅研究梁弯曲时的正应力及正应力强度条件。

1．纯弯曲

为了使问题简化，我们分析横截面上弯矩为常数且无剪力的弯曲问题，这样的弯曲称为纯弯曲。如图 8-8c 中 AB 段为纯弯曲，它是杆件基本变形形式之一。

下面通过纯弯曲实验观察梁的变形，并分析横截面上应力分布规律及计算公式。

取一矩形截面直梁，如图 8-10a 所示，在其表面画上横向线 1—1、2—2 和纵向线 ab、cd，然后在梁的两端施加一对大小相等、方向相反的力偶 M，使梁产生弯曲变形，由图 8-10b 可观察到下列现象：

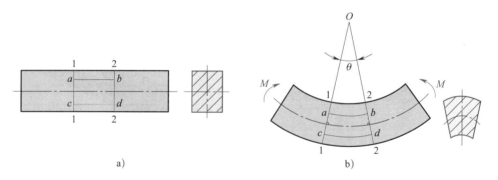

图 8-10　矩形截面直梁的弯曲变形

（1）横向线 1—1 和 2—2 仍为直线，且仍与梁轴线正交，但两线不再平行，相对倾斜角度为 θ。

（2）纵向线变为弧线，轴线以上的纵向线缩短（如 ab），称为缩短区；轴线以下的纵向线伸长（如 cd），称为伸长区。

（3）在纵向线的缩短区，梁的宽度增大；在纵向线的伸长区，梁的宽度减小。情况与轴向拉伸、压缩时的变形相似。

综上所述，当梁弯曲时，所有横截面仍保持为垂直于梁轴线的平面，且无相对错动，只是绕中性轴做相对转动，如图 8-11 所示，而每条纵向纤维则处于拉伸或压缩状态。因此，横截面上必定有正应力 σ，而不会有切应力。纤维伸长的部分受到拉应力，纤维缩短的部分受到压应力。

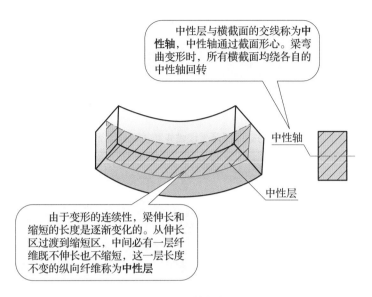

中性层与横截面的交线称为**中性轴**，中性轴通过截面形心。梁弯曲变形时，所有横截面均绕各自的中性轴回转

中性轴

中性层

由于变形的连续性，梁伸长和缩短的长度是逐渐变化的。从伸长区过渡到缩短区，中间必有一层纤维既不伸长也不缩短，这一层长度不变的纵向纤维称为**中性层**

图 8-11　中性轴与中性层

2. 正应力的分布规律

根据以上分析和结论可得出正应力的分布规律：横截面上各点正应力的大小与该点到中性轴的距离成正比。

$$\frac{\sigma}{y} = \frac{\sigma_{max}}{y_{max}}$$

在中性轴处纤维长度不变，此处不受力，因此，正应力为零；离中性轴最远处正应力最大。也就是说，正应力沿横截面高度按直线规律分布（见图 8-12），与中性轴距离相同的各纵向纤维的变形都相同，所以正应力也相同。

3. 最大正应力计算公式

由正应力分布规律（见图 8-12）得到任意点正应力：

$$\sigma = \frac{M_w y}{I_z}$$

式中　M_w——横截面上的弯矩，N·m 或 N·mm；

　　　y——点到中性轴 z 的距离，m 或 mm；

　　　I_z——截面对中性轴 z 的惯性矩，m^4 或 mm^4。

由此可得到最大正应力：

$$\sigma_{max} = \frac{M_w y_{max}}{I_z}$$

令 $W_z = \dfrac{I_z}{y_{max}}$，则有：

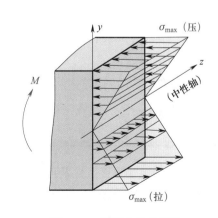

图 8-12　正应力分布规律

$$\sigma_{max} = \frac{M_w}{W_z}$$

式中 W_z——抗弯截面系数，m^3 或 mm^3。

工程上常用的型钢有工字钢、角钢、槽钢等，均有规定的型号规格，它们的截面几何参数（包括惯性矩和抗弯截面系数等）可从有关手册中查得。

工程中常用梁的截面图形、惯性矩和抗弯截面系数计算公式见表 8-3。

表 8-3 　　　　　　　　工程中常用梁的截面图形、惯性矩和抗弯截面系数计算公式

截面图形	惯性矩计算公式	抗弯截面系数计算公式
	$I_z = \dfrac{bh^3}{12}$ $I_y = \dfrac{b^3 h}{12}$	$W_z = \dfrac{bh^2}{6}$ $W_y = \dfrac{b^2 h}{6}$
	$I_z = \dfrac{bh^3 - b_1 h_1^3}{12}$ $I_y = \dfrac{b^3 h - b_1^3 h_1}{12}$	$W_z = \dfrac{bh^3 - b_1 h_1^3}{6h}$ $W_y = \dfrac{b^3 h - b_1^3 h_1}{6b}$
	$I_z = I_y = \dfrac{\pi d^4}{64} \approx 0.05 d^4$	$W_z = W_y = \dfrac{\pi d^3}{32} \approx 0.1 d^3$
	$I_z = I_y = \dfrac{\pi D^4}{64}(1-\alpha^4)$ $\left(\alpha = \dfrac{d}{D}\right)$	$W_z = W_y = \dfrac{I_z}{\dfrac{D}{2}} = \dfrac{\pi D^3}{32}(1-\alpha^4)$ $\approx 0.1 D^3 (1-\alpha^4)$ $\left(\alpha = \dfrac{d}{D}\right)$

二、梁的抗弯强度条件及应用

梁的抗弯强度条件为：

$$\sigma_{max} \leqslant [\sigma]$$

— 112 —

产生最大正应力的截面称为**危险截面**，最大正应力所在的点称为**危险点**。

$$\sigma_{\max} = \frac{M_{\mathrm{wmax}}}{W_z} \leqslant [\sigma]$$

应用梁的抗弯强度条件可以解决梁的三类问题，见表8-4。

表8-4　　　　　　　　　　　　　抗弯强度条件的应用

计算类别	已知条件	计算公式
校核强度	已知杆件的许用应力 $[\sigma]$、抗弯截面系数 W_z 以及所受的最大弯矩 M_{wmax}，验算杆件的最大工作应力是否小于或等于 $[\sigma]$	$\sigma_{\max} = \dfrac{M_{\mathrm{wmax}}}{W_z} \leqslant [\sigma]$
选择横截面尺寸	已知杆件所受的最大弯矩 M_{wmax} 和所用材料的许用应力 $[\sigma]$，确定该杆件所需横截面的尺寸	$W_z \geqslant \dfrac{M_{\mathrm{wmax}}}{[\sigma]}$
确定许可载荷	已知杆件的抗弯截面系数 W_z 和材料的许用应力 $[\sigma]$，确定该杆件所能承受的最大弯矩 M_{wmax}，并由此及静力学平衡关系确定杆件所能承受的最大载荷	$M_{\mathrm{wmax}} \leqslant [\sigma] W_z$

例8-3　切刀在切割工件时，受到 F=800 N 的切削力作用。切刀尺寸如图8-13a所示，切刀的许用应力 $[\sigma]$=200 MPa，试校核切刀的强度。

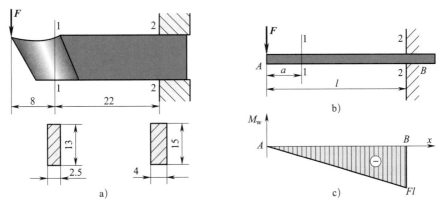

图8-13　切刀及其强度校核

分析：
本题属于校核强度问题，切刀的力学模型为悬臂梁。
解：
（1）建立力学模型
切刀可简化为图8-13b所示的悬臂梁。
（2）计算抗弯截面系数
根据截面1—1与2—2的尺寸求得：

$$W_{z1} = \frac{b_1 h_1^2}{6} = \frac{2.5 \times 13^2}{6} \text{ mm}^3 \approx 70.42 \text{ mm}^3$$

$$W_{z2} = \frac{b_2 h_2^2}{6} = \frac{4 \times 15^2}{6} \text{ mm}^3 = 150 \text{ mm}^3$$

（3）求内力

弯矩图如图 8-13c 所示，最大弯矩在截面 2—2 处。

$$M_{w1} = Fa = 800 \text{ N} \times 8 \text{ mm} = 6.4 \times 10^3 \text{ N} \cdot \text{mm}$$

$$M_{w2} = Fl = 800 \text{ N} \times (8+22) \text{ mm} = 2.4 \times 10^4 \text{ N} \cdot \text{mm}$$

（4）计算梁的最大工作应力

$$\sigma_{1max} = \frac{M_{w1}}{W_{z1}} = \frac{6.4 \times 10^3}{70.42} \text{ MPa} \approx 90.88 \text{ MPa} < [\sigma]$$

$$\sigma_{2max} = \frac{M_{w2}}{W_{z2}} = \frac{2.4 \times 10^4}{150} \text{ MPa} = 160 \text{ MPa} < [\sigma]$$

（5）校核强度

因为 $\sigma_{1max} < [\sigma]$ 且 $\sigma_{2max} < [\sigma]$，满足强度条件，所以切刀是安全的。

三、提高梁强度的主要措施

提高梁的强度，就是在材料消耗最低的前提下，提高梁的承载能力，满足既安全又经济的要求。从抗弯强度条件 $\sigma_{max} = M_{wmax}/W_z \leq [\sigma]$ 可以看出，梁的强度与外力引起的最大弯矩、横截面的形状和尺寸及所用的材料有关。因此，要提高梁的强度，一方面应合理安排梁的受力情况，以降低最大弯矩 M_{wmax} 的数值；另一方面则是采用合理的截面，以增大抗弯截面系数 W_z 的数值，充分利用材料。

1. 降低最大弯矩值

（1）合理安排加载点的位置

如图 8-14a 所示的简支梁 AB，集中力 F 作用于梁的中点 $l/2$ 处，$M_{wmax} = F_A l/2 = Fl/4$。若按图 8-14b 所示，使梁上的集中力 F 靠近支座，例如，距离 A 端支座 $l/6$ 处，则 $M_{wmax} = F_A l/6 = 5Fl/36$。相比之下，后者的最大弯矩就减小了很多。机器中的许多齿轮轴，常把齿轮安置在紧靠轴承处，使轴上的集中力靠近支座，以减小轴的最大弯矩。

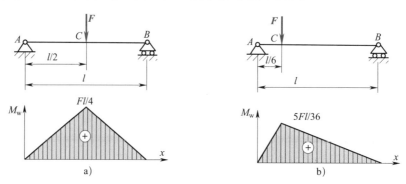

图 8-14　加载点的布置对最大弯矩的影响

铣床上铣刀的安装

在铣床上安装铣刀的步骤大致如下：

（1）将刀轴牢固地装在主轴上。

（2）在刀轴上套上适当数量的垫圈，使铣刀处于适当的位置。

（3）装上铣刀，在铣刀外面套上适当数量的垫圈。

（4）套上挂架，在最外面旋上螺母。

在铣床上安装铣刀时应特别注意：在确保工件能被铣削的条件下，铣刀应尽量靠近床身，否则由于刀轴细长，铣刀距床身太远，易使刀轴发生弯曲。图 8-15a、b 中给出了铣刀处于两种不同位置时刀轴的弯矩图。

当铣刀位于刀轴中间位置时，则最大弯矩 $M_{wmax}=Fl/4$。若铣刀由中间位置向床身移动至 $l/5$ 跨距时，刀轴的最大弯矩 $M_{wmax}=4Fl/25$。相比之下，后者的最大弯矩就减小了很多。

在不影响工作的条件下，挂架应尽量靠近铣刀，减小刀轴的跨度，提高刀轴的抗弯强度和刚度。

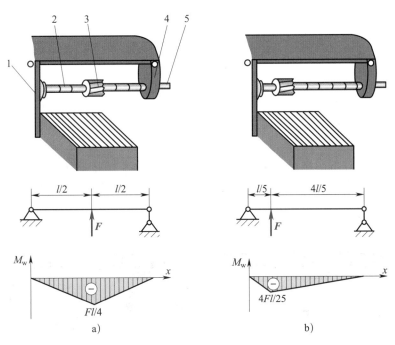

图 8-15　铣刀及其弯矩图

1—铣床床身　2—垫圈　3—铣刀　4—挂架　5—刀轴

（2）改变加载方式

在结构允许的条件下，应尽可能把集中力改变为分散力。

如图 8-16 所示，把作用于简支梁中点的力 F 分成两个作用于梁的 C 点和 D 点的集中力 $F/2$，则最大弯矩将由原来的 $Fl/4$ 降低为 $Fl/6$。

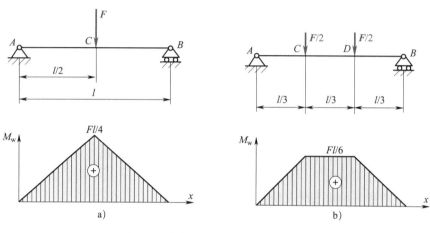

图 8-16　加载方式对最大弯矩的影响

桥式吊车的改装应用

某厂有一吊装质量为 5 t 的吊车，如图 8-17a 所示，后经技术人员的改装，将作用于梁跨度中点的集中力 F 分成两个集中力，如图 8-17b 所示，则最大弯矩将由原来的 $M_{wmax}=Fl/4$ 降为 $M_{wmax}=Fl/8$，结果其承载能力增加到了 10 t。

画出图 8-17a、b 所示吊车梁的受力简图及相应的弯矩图。由弯矩图可知，在相同吊重的情况下，图 8-17a 梁中最大弯矩是图 8-17b 梁中最大弯矩的两倍。改装后梁的承载能力增加了一倍。

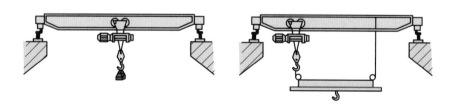

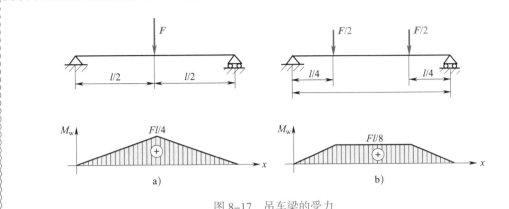

图 8-17 吊车梁的受力

由此可见，为提高梁的强度，在结构允许的条件下，应尽可能把集中力改变成分散的较小集中力，或者改变为均布载荷。

（3）增加约束

如图 8-18a 所示，某变速器换挡杆 1 上需要加工一个 $R8\ mm$ 的月牙槽，以往是把月牙槽铣刀悬挂装在铣床主轴上，利用工作台的升降进行铣削加工。铣刀及其根部的受力如图 8-18b 所示，铣刀切削时受工件给它的径向力 F 的作用，相应的铣刀根部截面上的内力有剪力 F_Q 及弯矩 M_w，因铣刀根部面积很小，其抗弯截面系数 W_z 的值也很小，由公式 $\sigma_{max}=M_{wmax}/W_z$ 可知，铣刀根部截面上的正应力 σ_{max} 较大，因此，切削速度不宜过大，否则稍不注意铣刀就会折断。

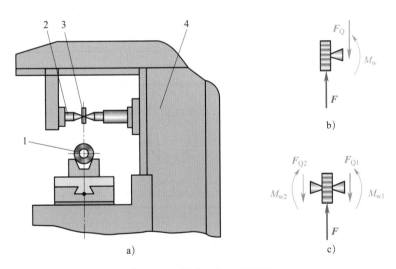

图 8-18 铣床上加工月牙槽
1—变速器换挡杆　2—顶尖　3—月牙铣刀　4—铣床

实际加工中，常采用在铣刀对面加顶尖的方式，如图 8-18a 所示。其力学原理：增加铣刀的支座约束，其受力图如图 8-18c 所示，使铣刀根部截面上的弯矩 M_w 减小。铣刀所受径

向力 **F** 的一部分由顶尖承担，使铣刀根部截面上的应力 σ_{max} 也相应减小，从而保证了铣刀不被折断，提高了生产效率。

2. 选择合理的截面形状

在横截面面积 A 相同的条件下，抗弯截面系数 W_z 越大，梁的承载能力就越高。例如，图 8-19 所示矩形截面梁截面高度 h 大于宽度 b，梁竖放时，$W_{z1}=\dfrac{bh^2}{6}$，梁平放时，$W_{z2}=\dfrac{hb^2}{6}$，两者之比是 $\dfrac{W_{z1}}{W_{z2}}=\dfrac{h}{b}>1$，所以竖放比平放具有更高的抗弯能力。

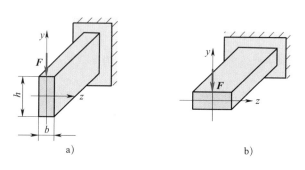

图 8-19　矩形截面梁的合理位置
a）竖放　b）平放

梁的横截面面积 A 决定了材料用量的多少，而抗弯截面系数 W_z 反映了梁抗弯性能的高低。梁的合理截面形状，要求用较少的材料获得较大的抗弯强度，即较大的比值 W_z/A。当截面形状不同时，可以用比值 W_z/A 来衡量截面形状的合理性和经济性。常见截面的 W_z/A 值见表 8-5。

表 8-5　　　　　　　　　　常见截面的 W_z/A 值

截面形状	矩形	圆形	环形	槽形	工字形
图示			内径$d=0.8h$		
W_z/A 值	$0.167h$	$0.125h$	$0.205h$	$(0.27\sim0.31)h$	$(0.29\sim0.31)h$

工程中金属梁的成形截面有工字形、槽形、箱形等，如图 8-20a、b、c 所示，也可将钢板用焊接或铆接的方法拼成上述形状的截面。此外，建筑中采用的混凝土空心预制板，为提高其经济性和实用性，其横截面常设计成如图 8-20d 所示的形状。

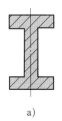 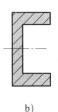 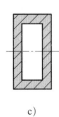 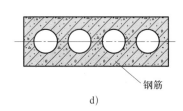

钢筋

图 8-20　梁的成形截面

a）工字形　b）槽形　c）箱形　d）空心预制板成形截面

在横截面中性轴的两侧，梁的弯曲正应力不同。合理的截面形状，应使截面上的最大拉应力和最大压应力同时达到各自的许用应力值。

塑性材料（如钢）的抗拉强度与抗压强度相同，故通常采用关于中性轴对称的截面，如工字形、箱形等。此时截面形心位于高度的中点，截面上的最大拉应力和最大压应力相等。

对于抗拉强度小于抗压强度的材料（如铸铁），应使中性轴偏于拉应力一侧，即采用 T 字形、槽形等截面（见图 8-21），使最大拉应力和最大压应力同时接近材料的许用应力。

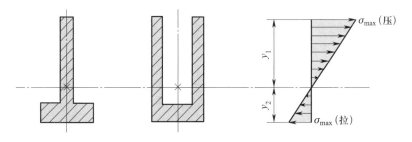

图 8-21　根据材料特性选择截面

工程应用

铸铁轴承架两种安置方式的比较

T 形截面铸铁轴承架结构如图 8-22 所示，在载荷 F 的作用下，试以强度条件分析图 8-22a、b 所示的两种安置方式哪一种不合理。

轴承架的弯矩图如图 8-22c 所示，其相应的截面 A—A 上的应力分布分别如图 8-22d、e 所示。截面上的应力在中性轴 z 的上侧为拉应力，下侧为压应力。应力沿截面高度呈线性分布，中性轴处应力为零，离中性轴越远，应力越大。因轴承架采用 T 形截面，而中性轴 z 通过截面形心，所以截面上下边缘到中性轴 z 的距离不等。

对于图 8-22a 所示的安置方式，其截面上的应力分布如图 8-22d 所示，截面上边缘的最大拉应力大于截面下边缘的最大压应力，即：

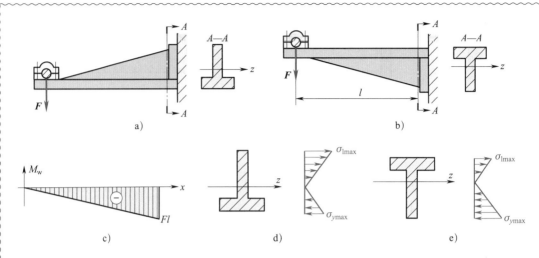

图 8-22　铸铁轴承架

$$\sigma_{l\max} > \sigma_{y\max}$$

对于图 8-22b 所示的安置方式，其截面上的应力分布如图 8-22e 所示，截面上边缘的最大拉应力小于截面下边缘的最大压应力，即：

$$\sigma_{l\max} < \sigma_{y\max}$$

又因轴承架采用了铸铁材料，其抗压能力远大于其抗拉能力，即：

$$[\sigma_l] < [\sigma_y]$$

由以上分析可知，图 8-22a 所示的安置方式，没有充分发挥铸铁材料的抗压性能，很容易在肋板上边缘被拉断，从而造成破坏，故采用图 8-22a 所示的安置方式不合理。

对于图 8-22b 所示的安置方式，宽直板上边缘的拉应力小，而窄肋板下边缘附近的压应力大，利用铸铁耐压的优点，提高了轴承托架的承载能力。

3. 采用等强度梁

以上讨论的都是等截面梁，梁的截面尺寸是由最大弯矩 $M_{w\max}$ 确定的，其他截面由于弯矩小，材料未能充分发挥作用。工程中为了减轻自重和节省材料，常常根据弯矩沿梁轴线的变化情况，将梁制成变截面的形状，使所有横截面上的最大正应力都大致等于许用应力 $[\sigma]$，这样的梁称为**等强度梁**。

等强度梁的外形为曲线，较难加工，考虑到构造上的需要和便于加工，工程实际中通常是将梁设计成近似等强度。如图 8-23 所示的梁都是等强度梁的实例。

从以上实例分析可知，要提高梁的抗弯强度，应用尽可能少的材料，使梁能承受尽可能大的载荷，从而达到既安全又经济的要求，可采取下列措施：

（1）合理安排梁的受力情况。

使载荷靠近支座分布，或将集中载荷分散成小的均布载荷，或适当增加梁的支座，减小梁的跨度，以降低最大弯矩 $M_{w\max}$ 的数值。

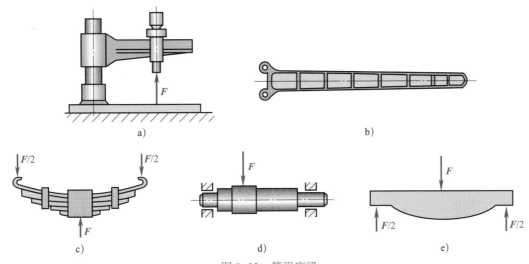

图 8-23　等强度梁

a）摇臂钻床的横臂　b）飞机机翼肋板　c）汽车的板弹簧

d）台阶轴　e）桥梁和厂房中的"鱼腹梁"

（2）采用合理的截面。

提高抗弯截面系数 W_z 的数值，充分利用材料。对塑性材料采用以中性轴为对称轴的截面，对脆性材料采用以中性轴为非对称轴的截面。

（3）采用等强度梁。

组 合 变 形

前面各章研究了杆件在轴力拉伸（压缩）、剪切、扭转和弯曲等基本变形时的强度和刚度问题。但在实际工程中，有些杆件受力情况比较复杂。在外力作用下，杆件同时产生两种或三种基本变形，这类变形形式称为**组合变形**。

如果杆件变形在弹性范围内（即符合胡克定律），则在变形很小的情况下，可以认为组合变形中的每一种基本变形都是各自独立的，即各种基本变形所引起的应力互不影响。所以，在研究组合变形问题时，可运用叠加原理。

杆件在组合变形时的强度计算可按如下步骤进行：

第一，外力分析。首先把杆件上的载荷进行分解或简化，使分解或简化后的每一种外力只产生一种基本变形。

第二，内力分析。计算杆件在每一种基本变形时的内力，作出内力图，从而确定出危险截面的位置。

第三，应力分析。根据危险截面的应力分布规律，判断危险点的位置。

第四，强度计算。根据危险点的应力状态和杆件的材料特性，分析其破坏的形式，选择相应的强度理论进行强度计算。

下面介绍两种常见的组合变形的分析方法。

1. 拉伸（压缩）与弯曲组合变形

前面讨论直杆的弯曲问题时，曾要求所有外力均垂直于杆轴。然而，如果在直杆上同时作用有轴向力，则杆将发生拉伸（压缩）与弯曲组合变形。

（1）斜拉伸（压缩）

如图 8-24a 所示的单轨吊车横梁 AB，就是发生压缩与弯曲组合变形的杆件，其受力分析如图 8-24b 所示。

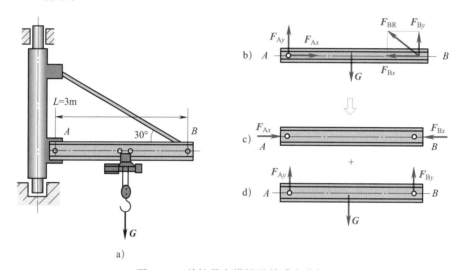

图 8-24　单轨吊车横梁及其受力分析

（2）偏心拉伸（压缩）

当作用在直杆上的外力沿杆的轴线时，将产生轴向拉伸或轴向压缩。然而，若外力的作用线平行于杆轴线，但不通过截面形心，则将引起偏心拉伸或偏心压缩。

图 8-25a 所示为链条中的一节开口链环。链环承受的外力 F 对于链环左侧杆部 AB 来说是一对偏心拉力，即外力不通过圆截面形心，其作用线平行于杆轴线，偏心距为 e，这就是偏心拉伸的实例。

由静力学可知，将力 F 平移到截面形心上，要附加一力偶矩 M，如图 8-25b 所示，其力偶矩 $M=F \cdot e$。因此，偏心拉伸（压缩）实际上就是拉伸（压缩）与弯曲的组合作用。其任意截面Ⅰ—Ⅰ上的轴力 F_N 和弯矩 M_w 如图 8-25c 所示，最大正应力 σ_{max} 等于轴力 F_N 和弯矩 M_w 所产生的正应力之和（见图 8-25d）。

2. 扭转与弯曲组合变形

机械传动轴如图 8-26a 所示，轴的左端用联轴器与电动机轴连接，根据轴所传递的功率 P 和转速 n，可以求得经联轴器传给轴的力偶矩为 M_0。此外，作用于直齿圆柱齿轮上的啮合力可以分解为圆周力 F_t 和径向力 F_r，如图 8-26b 所示。根据力的平移定理，将各力向轴线平移，如图 8-26c 所示画出传动轴的计算简图。力偶矩 M_0 和 M_1 将引起传动轴的扭转变形，而横向力 F_t 及 F_r 将引起水平面（xy 平面）和垂直平面（xz 平面）内的弯曲变形，这是扭转与弯曲组合变形的实例。

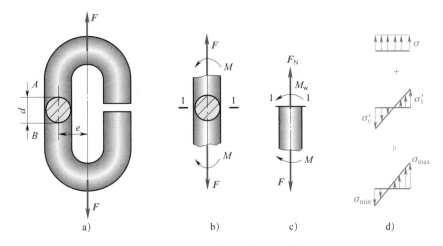

图 8-25　开口链环及其受力分析

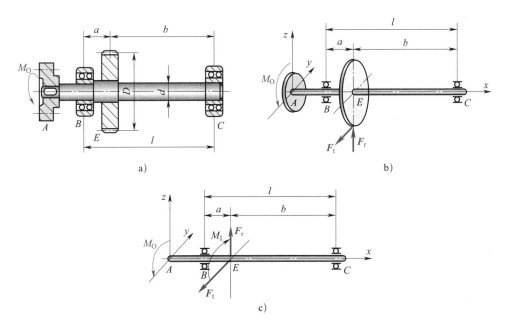

图 8-26　机械传动轴的扭转与弯曲组合变形

本 章 小 结

1. 在直梁的纵向对称面内受到外力（或力偶）作用时，梁的轴线由直线变为一条平面曲线，这种变形称为平面弯曲。纯弯曲是杆件的基本变形形式之一。

2. 用截面法和静力平衡条件可以求出梁的内力。一般情况下，梁发生平面弯曲时，其横截面上的内力有两个分量——剪力和弯矩。剪力作用于横截面内，弯矩作用面与横截面垂直。它们的大小、正负由截面左侧或右侧所受的外力决定。

3. 剪力对一般细长梁的强度影响较小，在一般工程计算中可忽略不计，而弯矩的计算则要经常应用，必须熟练掌握。正确绘制弯矩图是分析梁上危险截面的依据之一。当梁上载荷为集中力时，弯矩图为折线图。绘制弯矩图经常应用计算控制点法。

4. 弯矩引起的最大正应力是判断梁是否破坏的主要依据。正应力的大小沿横截面高度呈线性变化。中性轴上正应力为零，离中性轴最远的边缘上各点正应力的绝对值最大。全梁所有截面上的最大正应力计算公式为 $\sigma_{max}=M_{wmax}/W_z$。

5. 强度条件是强度计算的依据。当材料的抗拉强度与抗压强度相同时，对于中性轴上下对称的截面，其抗弯强度条件为 $\sigma_{max}=M_{wmax}/W_z \leq [\sigma]$。

6. W_z 是梁的抗弯截面系数，它是度量梁抗弯能力的重要几何参数，掌握其特点和常用简单型面 W_z、W_z/A 的计算公式，有助于选择合理的截面形状。

7. 提高梁的强度的主要措施是降低最大弯矩值和合理选择截面，在工程中很有实用价值。

 思考与练习

应知练习

1. 填空题

（1）_____弯曲是杆件的基本变形形式，发生弯曲变形的构件称为_____。

（2）常见梁的三种力学模型是_____、_____和_____。

（3）作用于梁上的载荷形式是_____、_____和_____。

（4）直梁弯曲后其轴线凹面向上，则横截面上的弯矩为_____值。

（5）在中性层凸出一侧的梁内各点，正应力均为_____值，即为_____应力。

2. 判断题（正确的打"√"，错误的打"×"）

（1）合理布置支座可减小梁内最大工作应力。　　　　　　　　　　　　　（　　）

（2）扁担常在中点折断，游泳池跳水板常在根部折断，这是因为折断处承受最大载荷。

　　　　　　　　　　　　　　　　　　　　　　　　　　　　　　　　（　　）

（3）梁的合理截面形状应是不增加横截面面积，而使其 W_z/A 数值尽可能大。　（　　）

3. 选择题（含多项选择）

（1）矩形截面梁发生平面弯曲时，横截面的最大正应力分布在（　　）。

A. 上下边缘处　　　　　　B. 左右边缘处　　　　　　C. 中性轴处

（2）梁横截面上的正应力与（　　）有关。

A. 截面形状　　　　　　　B. 截面位置　　　　　　　C. 截面尺寸

D. 外载荷大小　　　　　　E. 材料性质

（3）梁平面弯曲时，横截面上最大拉应力与最大压应力不相等的梁是（　　）。

A. 圆形截面梁　　　　　　B. 矩形截面梁　　　　　　C. T形截面梁

（4）等强度梁各横截面上（　　）数值相等。

A. 最大正应力　　　　　　B. 弯矩

C. 面积　　　　　　　　　D. 抗弯截面系数

工程应用

4. 试绘制图 8-27 所示各种情况下梁 AB 的弯矩图。

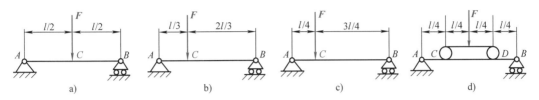

图 8-27　练习 4 图

5. 扳手旋紧螺母时，其受力情况如图 8-28 所示。已知 $l=130$ mm，$l_1=100$ mm，$b=6$ mm，$h=18$ mm，$F=300$ N，扳手材料的许用应力 $[\sigma]=120$ MPa，试校核扳手手柄部分的强度。

6. 图 8-29 所示为一矩形截面简支梁，已知跨度 $l=2$ m，在梁的中点作用有集中力 $F=80$ kN，截面尺寸 $b=70$ mm，$h=140$ mm，材料的许用应力 $[\sigma]=140$ MPa，试校核梁的强度。

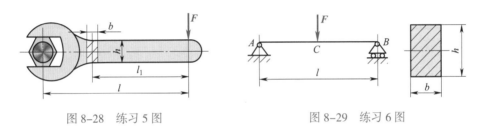

图 8-28　练习 5 图　　　　　　　图 8-29　练习 6 图